平面创意设计实例教程
Photoshop+Illustrator

职业学校多媒体应用技术专业教学用书

主 编 王而立 孙 菱

华东师范大学出版社
·上海·

图书在版编目(CIP)数据

平面创意设计实例教程 Photoshop＋Illustrator/王而立.—上海：华东师范大学出版社，2014.4
 ISBN 978-7-5675-2008-0

Ⅰ.①平… Ⅱ.①王… Ⅲ.①图象处理软件－中等专业学校－教材②图形软件－中等专业学校－教材
Ⅳ.①TP391.41

中国版本图书馆 CIP 数据核字(2014)第 078983 号

平面创意设计实例教程 Photoshop＋Illustrator

职业学校多媒体应用技术专业教学用书

主　　编	王而立　孙　菱
责任编辑	李　琴
审读编辑	沈吟吟
封面设计	王而立
装帧设计	徐颖超
出版发行	华东师范大学出版社
社　　址	上海市中山北路 3663 号　邮编 200062
网　　址	www.ecnupress.com.cn
电　　话	021-60821666　行政传真 021-62572105
客服电话	021-62865537　门市(邮购)电话 021-62869887
地　　址	上海市中山北路 3663 号华东师范大学校内先锋路口
网　　店	http://hdsdcbs.tmall.com
印 刷 者	上海新华印刷有限公司
开　　本	787 毫米×1092 毫米　1/16
印　　张	19.25
字　　数	405 千字
版　　次	2014 年 11 月第 1 版
印　　次	2025 年 2 月第 8 次
书　　号	ISBN 978-7-5675-2008-0
定　　价	49.00 元

出版人　王　焰

(如发现本版图书有印订质量问题，请寄回本社客服中心调换或电话 021-62865537 联系)

Chubanshuoming 出版说明

本书是职业学校多媒体应用技术专业教学用书。

目前，Adobe 公司出品的 Photoshop 和 Illustrator 软件被广泛地应用于平面设计、包装设计等诸多领域。而本书以结合上述两个软件的方式，通过有趣生动的实例、详尽的操作步骤、绚丽的全彩图片，全面系统地讲解了如何使用 Photoshop 和 Illustrator 软件来完成专业的平面设计项目。

全书共分 8 篇 18 个项目，含有 30 多个精美案例。其中，项目一～项目三介绍了 Photoshop 和 Illustrator 软件的入门知识以及基本操作方法，项目四～项目十八根据实际工作需求，设计了字体效果、广告设计、书籍装帧、宣传单设计、插图设计、UI 设计、产品设计等极具代表性的内容。

另外，本书还设置了如下小栏目：

技能要求 言简意赅地概括了各项目所需掌握的知识点与技能。

知识点与技能 在完成各设计任务后，将其中所涉及的重要知识点一一罗列，更增加了丰富的拓展内容，帮助学生更好地理解软件的使用方法。

项目实训 在完成各项目后，均设计了项目实训，能使学生反复巩固课堂中所学到的知识点与操作技能，从而更好地掌握 Photoshop 和 Illustrator 软件的操作方法。

项目实训评价表 完成各项目后，学生能对自己所掌握的知识点与技能程度有所体认。

为方便教师授课，本书中的相关素材，请至 have.ecnupress.com.cn 中的"资源下载"栏目，搜索关键字"创意设计"下载。

华东师范大学出版社

2014 年 10 月

Qianyan 前 言

本书是职业学校多媒体应用技术专业教学用书。

目前,Adobe 公司出品的 Photoshop 和 Illustrator 软件被广泛地应用于平面设计、包装设计等诸多领域。而本书以结合上述两个软件的方式,通过有趣生动的实例、详尽的操作步骤、绚丽的全彩图片,全面系统地讲解了如何使用 Photoshop 和 Illustrator 软件来完成专业的平面设计项目。

党的二十大报告强调,"素质教育是教育的核心,教育要注重以人为本、因材施教,注重学用相长、知行合一"。适合的教育是最好的教育,每个学生的禀赋、潜质、特长不同,学校要坚持以学生为本,注重因材施教。全书共分 8 篇 17 个项目,含有 30 多个精美案例。其中,项目一～项目三介绍了 Photoshop 和 Illustrator 软件的入门知识以及基本操作方法,项目四～项目十八根据实际工作需求,设计了字体效果、广告设计、书籍装帧、宣传单设计、插图设计、UI 设计、产品设计等极具代表性的内容。全书先对设计思路进行概括分析,然后详细介绍各实例的设计制作过程,帮助学生反复操作,直至完全掌握。

本书还具有如下特点:

分多个任务制作大型项目 为了帮助教师更好地开展教学工作,本书将各大型项目分为 3 个任务,使学生能循序渐进地完成各项设计任务要求,更好地掌握所需的知识点与技能。

海量全彩图片 全书采用全彩印刷,操作步骤均配有详细的图片说明,能使学生更直观地了解各步骤的操作要点。

拓展练习,助你举一反三 在完成各项目后,均设计了项目实训,能使学生反复巩固课堂中所学到的知识点与操作技能,从而更好地掌握 Photoshop 和 Illustrator 软件的操作方法。

本书由王而立和孙菱主编,贾佳、时静担任副主编,均为一线的有着丰富教学和实际工作经验的教师。其中,王而立老师作为创意工作者协会、中国设计师协会和 IDA 国际设计协会会员,多次在国内外各大设计赛事中屡获殊荣,具有丰富的行业经验。另外,本书在编写过程中,受到了王玲玲、王成国、谢建芬、丁怡、昂玉昆、陈惠珊、郑罗天、曹旭东等老师的帮助,在此一并表示感谢。

由于作者的编写水平有限,书中难免存在错误和不妥之处,敬请广大读者批评指正。

编者

2023 年 8 月

基础知识篇

项目一　初识 Photoshop CS5　　3
项目二　初识 Illustrator CS5　　9
项目三　平面设计的基础知识　　17

字体效果篇

项目四　毛笔绘制字体效果　　31
　　任务一　在 AI 中创建文字素材　　31
　　任务二　制作背景并导入素材　　35
　　任务三　PS 中制作绘制效果　　37
　　项目实训二　闪光字效果　　46

项目五　霓虹灯效果的制作　　56
　　任务一　在 Illustrator 中制作文字素材　　56
　　任务二　在 PS 中制作墙体背景效果　　59
　　任务三　制作文字灯管效果　　62
　　项目实训三　制作灯泡字体效果　　69

广告设计篇

项目六　化妆品广告　　81
　　任务一　素材准备并放置在适当位置　　81
　　任务二　创建地板面和表现墙壁上的点光　　85
　　任务三　制作地板效果和设置文字　　89
　　项目实训四　制作阳光效果　　98

项目七　香水瓶广告　　101
　　任务一　素材处理　　101
　　任务二　绘制背景和倒影　　103
　　任务三　绘制补充光线　　107
　　项目实训五　制作"手机"广告　　112

书籍装帧篇

项目八　艺术诗文书籍封面设计　　119
　　任务一　制作左侧封面　　119
　　任务二　制作右侧封面　　122
　　任务三　在 AI 中加入文字　　123
　　项目实训六　制作昆虫书籍封面　　130

项目九　时尚杂志封面设计　　134
　　任务一　准备素材并放置在适当位置　　134
　　任务二　制作封面图片　　135
　　任务三　制作文字　　139
　　项目实训七　贺卡设计　　143

宣传单设计篇

项目十　计算机会议宣传单设计　　151
　　任务一　制作渐变线条　　151
　　任务二　在 Photoshop 中增加网格效果　　155
　　任务三　输入文字　　157
　　项目实训八　计算机会议宣传单设计 2　　160

项目十一　产品促销活动宣传单设计　　166
　　任务一　准备素材,并放置在适当位置　　166
　　任务二　在 Photoshop 中制作光感

    效果 168
  任务三 在 Photoshop 中合并效果 169
  项目实训九 制作明信片 176

插图设计篇

项目十二 卡通人物设计 183
  任务一 制作卡通人物的头部 183
  任务二 制作身体 192
  任务三 导入 PS 增加效果 195
  项目实训十 Q 版卡通角色制作 198

项目十三 动漫场景绘制 202
  任务一 在 AI 中制作背景素材 202
  任务二 制作前景 206
  任务三 导入 PS 加入特效 212
  项目实训十一 卡通场景设计 216

UI 设计篇

项目十四 水晶风格按钮 223
  任务一 准备素材，并放置在适当
      位置 223
  任务二 导入到 PS 中 225
  任务三 为字母增加特效 226

  项目实训十二 制作下载按钮 230

项目十五 立体图标设计 234
  任务一 准备素材并放置在适当
      位置 234
  任务二 复制对象到 PS 中，并增加
      图层样式 235
  任务三 制作置换图并运用玻璃
      特效 238
  项目实训十三 制作电源图标 242

产品设计篇

项目十六 时尚手机产品设计 249
  任务一 绘制产品 249
  任务二 在 PS 中调整形状 264
  任务三 丰富背景，添加文字 269
  项目实训十四 手机广告设计 273

项目十七 化妆瓶产品设计 280
  任务一 绘制产品 280
  任务二 调整形状增加质感 285
  任务三 调整颜色并添加文字 288
  项目实训十五 化妆瓶广告设计 293

基础知识篇

项目一 初识 Photoshop CS5

Adobe Photoshop(以下简称"PS")CS5 是 Adobe 公司旗下最出名的图像处理软件之一,集图像扫描、编辑修改、动画制作、图像制作、广告创意、图像输入与输出等功能于一体,深受广大平面设计人员和电脑美术爱好者的喜爱。

一、Photoshop 的操作界面

Photoshop CS5 的操作界面由应用程序栏、菜单栏、选项栏、工具箱、面板组和状态栏组成,如图 1-1 所示。

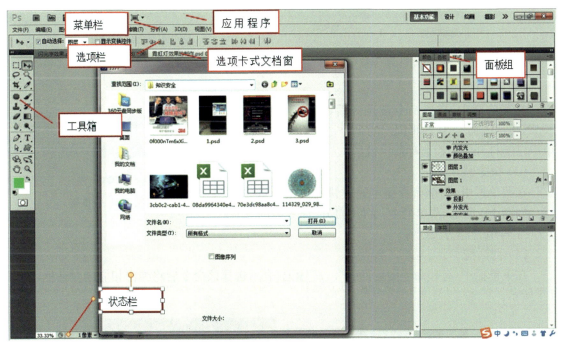

图 1-1 Photoshop 的操作界面

1．应用程序栏

应用程序栏位于窗口的最上方,标识当前窗口打开的应用程序,并集成了各种功能按钮,如图 1-2 所示。

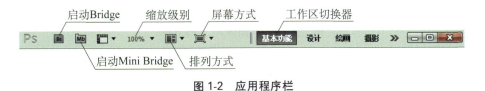

图 1-2 应用程序栏

2. 菜单栏

菜单栏位于应用程序栏的下方，通过各命令菜单完成 Photoshop CS5 的绝大多数操作以及窗口的定制，如图1-3所示。

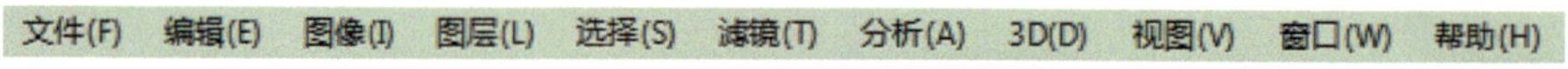

图 1-3　菜单栏

（1）子菜单

在菜单栏中，有些命令后有个黑色三角形箭头▶，当光标移至该箭头上时，就会出现一个子菜单，如图1-4所示。

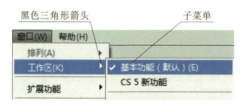

图 1-4　子菜单

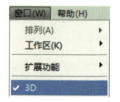

图 1-5　执行命令

（2）执行命令

在菜单栏中，有些命令被选择后，在其前面会出现"√"，表示该命令为当前执行的命令。如图1-5所示菜单中已经打开的面板名称前出现的"√"。

（3）快捷键

在菜单栏中，菜单命令还可通过快捷键的方式来执行。如图1-6所示，菜单栏中"文件/打开"命令后的"Ctrl＋O"字母组合即为快捷键。

图 1-6　快捷键

（4）对话框

在菜单栏中，有些命令的后面有"..."标记，表示选择该命令后将弹出相应的对话框，如图1-7所示。

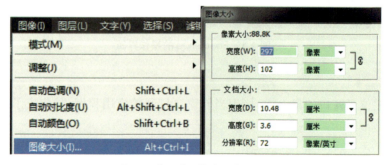

图 1-7　打开"图像大小"对话框

3. 工具箱

工具箱的默认状态位于窗口左侧，操作者可以根据自己的操作习惯将其拖至任何位置。

在工具箱中提供了"选择、取样、绘画、填色、修改、编辑"等各种操作命令。

查看各工具快捷键的方法：鼠标左键长时间点击该按钮，会出现如图 1-8 所示面板。

工具箱展开的全面效果图如图 1-9 所示。

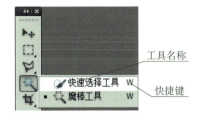

图 1-8　查看快捷键

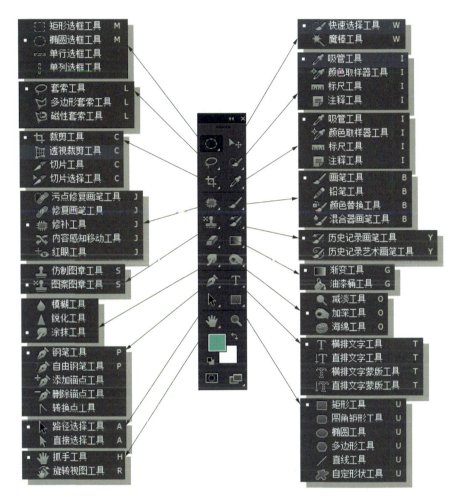

图 1-9　工具箱展开全面效果

4. 面板组

面板组是 Photoshop 常用的一种面板排列方式，之前的版本称为浮动面板或浮动调板，顾名思义它们是浮动的。从 Photoshop CS3 开始，将这些面板停靠在操作界面的右侧，如图 1-10 所示。

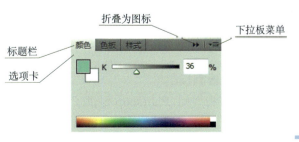

图 1-10　面板的基本组成

(1) 打开或关闭面板

在菜单栏的"窗口"菜单中选择不同的面板名称,可以打开和关闭不同的面板。

(2) 显示面板内容

在多个面板组中,如果想查看某个面板内容,可以直接单击该面板的选项卡名称。如图1-11所示,点击"颜色"选项卡,即可显示该面板的内容。

图 1-11　显示面板内容

图 1-12　分离面板

(3) 移动面板

在某个面板顶部的标题栏处按住鼠标左键拖动,可以将其移动到工作区中的任意位置。

(4) 分离面板

在面板中,在某个选项卡名称处按住鼠标左键向该面板组以外的位置拖动,即可将面板分离出来,如图1-12所示。

(5) 停靠面板组

为了节省空间,还可以将组合的面板停靠在操作界面右侧的边缘位置,或与其他面板组停靠在一起。具体操作步骤如下:拖动面板组上方的标题栏或选项卡位置,将其移动到另一组或一个面板边缘的位置,当出现一条垂直的蓝色线条时,释放鼠标即可将面板组停靠在其他面板或面板组的边缘位置,如图1-13所示。

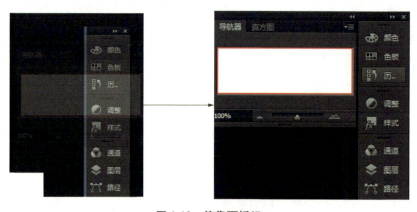

图 1-13　停靠面板组

(6) 折叠面板组

为了节省空间,Photshop 提供了面板组的折叠操作,可以将面板组折叠起来,以图表的形式来显示。具体操作步骤如下:单击"折叠为图表"按钮,将展开的面板折叠起来,如图1-14所示。

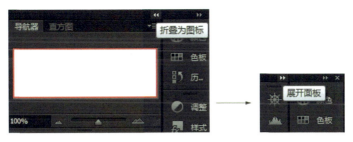

图 1-14 折叠面板组

5. 状态栏

状态栏位于主窗口的底部,由三部分组成。

状态栏**左边**为缩放框,用于显示图像文档的显示比例,和图像窗口标题栏中的显示比例一致。可以在此文本框中输入数值后按回车键,来改变图像窗口的显示比例。该文本框中的数值变化范围为 0.4%~1600%。

状态栏**中间部分**用于显示当前图像文件的信息。

(1) 显示文件信息

单击操作界面窗口底边中的三角形箭头,弹出快捷菜单,选择任意命令,该命令相应的信息会显示在预览框内,如图 1-15 所示。

① 文档大小:显示有关图像中数据量的信息。左边的数字表示图像的打印大小,表明合并所有图层后的文件大小。右边的数字表示当前图像的全部文件的大小,包括图层和通道。

图 1-15 显示文件信息

② 文档配置文件:图像使用的颜色配置文件的名称。

③ 文档尺寸:显示图像的高度和宽度尺寸。

④ 暂存盘大小:显示用于处理图像的已用内存和可用内存的大小。第一个数字显示的是所有打开的文档占用多少内存(包括被剪贴板占用的内存)。第二个数字显示可以创建编辑图像的总内存有多少,它等于可用内存减去 Photoshop 本身运行所需要的内存。当第一个数字大于第二个数字时,由于需要额外的内存,Photoshop 必须依赖暂存盘,当暂存盘被利用,Photoshop 运行速度会减慢。

作为图像处理软件,Photoshop 对于内存要求是比较高的,当内存不能满足要求时,系统会自动调用硬盘的某些空间作为虚拟内存。

⑤ 效率:显示执行实际操作所花时间的百分比,与暂存盘相对应,如果此值等于 100%,则表明未使用暂存盘,为最佳状态;如果此值低于 100%,则说明 Photoshop 正在使用暂存盘,因此操作速度较慢。

⑥ 计时:显示完成上一个操作所花的时间。

⑦ 当前工具:查看现用工具的名称。

(2) 显示图像信息

在状态栏的图像文件信息区域上按住鼠标左键不放,则会显示出图像的尺寸和打印机纸张尺寸的比例关系。两条对角线覆盖的矩形区域则代表图像的大小。灰色的矩形区域为打印纸张大小。

按下 Alt 键,在状态栏的图像文件信息区域上按住鼠标左键不放,可查看图像的宽度、高度、通道、数目、色彩以及分辨率。

最右边区域显示 Photoshop 当前工作状态和操作时工具的提示信息。

二、图像窗口的基本操作

1. 打开一幅图像文件的方法

① 执行"文件/打开"命令。

② 在操作界面空白处双击鼠标,或按 Ctrl+O 快捷键可打开图像。

③ 拖动标题栏图像的边框可移动图像,当鼠标指针变成双向箭头时拖动,可改变图像窗口的大小。

2. 打开多幅图像文件

① 在"打开"对话框中单击第一个文件,按住 Shift 键的同时单击末尾的图像文件,可选中连续的文件,它们将按照先后顺序依次打开。

② 选择不连续的文件,按住 Ctrl 键后单击要选择的文件。

3. 图像文件的排列

① 执行"窗口/排列/层叠"命令,使图像窗口以层叠方式显示。执行"窗口/排列/平铺"命令,使图像窗口以平铺方式排列,如图 1-16 所示。执行"窗口/排列/拼贴",命令,将打开的图像排列整齐。

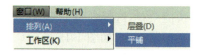

图 1-16 "平铺"命令

② 为了用不同比例观察同一幅图像或图像的不同部分,可为选定的图像创建多个窗口。先将该图像设置为当前编辑窗口,然后执行"窗口/排列/新建窗口"命令,如图 1-17 所示。

4. 图像窗口控制模式操作

Photoshop 具有三种控制窗口显示模式(在工具箱的倒数第二行有三个按钮),依次为**标准屏幕模式、带菜单栏的全屏幕模式和全屏幕模式。**

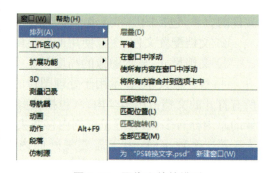

图 1-17 图像文件的排列

① 在标准屏幕模式下,整个窗口内显示所有屏幕组件项目。

② 在带菜单栏的全屏幕模式下,标题栏和滚动条将不再显示。

③ 在全屏幕模式下,菜单栏将被隐去,呈黑色全屏显示,但工具栏、控制面板仍然存在。按 Tab 键,工具栏和控制面板将隐藏,可以清晰观看图像的效果。

项目二 初识 Illustrator CS5

图形软件 Adobe Illustrator(以下简称"AI")CS5 以其强大的功能和体贴用户的界面受到广大用户的喜爱。据不完全统计,全球有 37% 的设计师在使用 Adobe Illustrator 进行艺术设计。尤其基于 Adobe 公司专利的 PostScript 技术的运用,Illustrator 已经完全占领专业的印刷出版领域。

一、Illustrator 的操作界面

Adobe Illustrator CS5 的操作界面包括菜单栏、控制栏、工具箱、控制面板和状态栏,如图 2-1 所示。

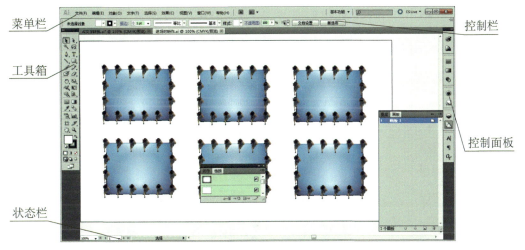

图 2-1　Illustrator 的操作界面

1．菜单栏

菜单栏包括"文件、编辑、对象、文字、选择、效果、视图、窗口和帮助"9 个菜单,如图 2-2 所示。

图 2-2　菜单栏

2．控制栏

在 Illustrator 中,控制栏显示当前所选对象的选项(在 Photoshop 中,"控制栏"称为"选项栏")。

3．工具箱

工具箱包含用于创建和编辑图像、图稿、页面元素等的各种工具。

4．控制面板

控制面板可帮助监视和修改工作。默认情况下，将显示某些面板，也可通过从"窗口"菜单中选择任何面板。

5．状态栏

状态栏显示当前工具的提示信息、还原次数、日期和时间，以及其他一些辅助信息等。

二、Illustrator 中的工具箱

在 Illustrator 中可以使用工具箱中的工具创建、选择和处理对象，如图 2-3 所示。某些工具包含在双击工具时出现的选项中，这些工具包括用于使用文字的工具，以及用于选择、上色、绘制、取样、编辑和移动图像的工具。

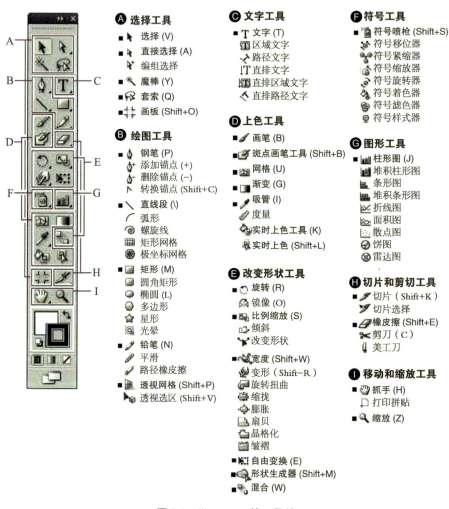

图 2-3　Illustrator 的工具箱

1．选择工具库

选择工具库中各工具的作用如表 2-1 所示。

表 2-1　选择工具库

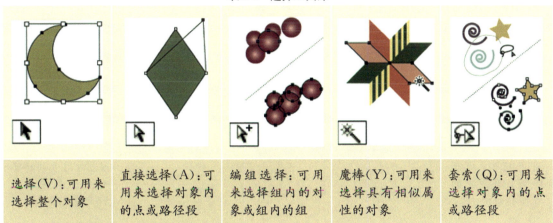

2. 绘图工具库

绘图工具库中各工具的作用如表 2-2 所示。

表 2-2　绘图工具库

项目二　初识 Illustrator CS5

续表

3. 文字工具库

文字工具库中各工具的作用如表 2-3 所示。

表 2-3 文字工具库

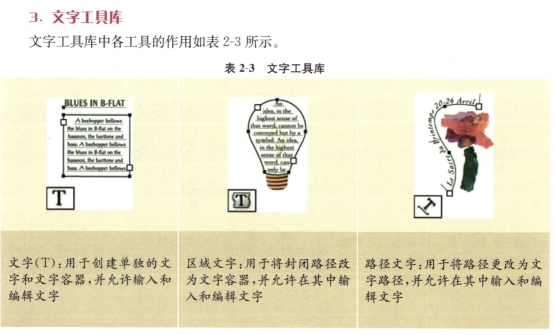

续 表

| 直排文字:用于创建直排文字和直排文字容器,并允许在其中输入和编辑直排文字 | 直排区域文字:用于将封闭路径更改为直排文字容器,并允许在其中输入和编辑文字 | 直排路径文字:用于将路径更改为直排文字路径,并允许在其中输入和编辑文字 |

4. 上色工具库

上色工具库中各工具的作用如表2-4所示。

表2-4 上色工具库

| 画笔(B):用于绘制徒手画和书法线条以及路径图稿、图案和毛刷画笔描边 | 网格(U):用于创建和编辑网格与网格封套 | 渐变(G):调整对象内渐变的起点和终点以及角度,或者向对象应用渐变 | 吸管(I):用于从对象中采样以及应用颜色、文字和外观属性,其中包括效果 |

 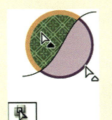 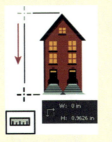 

| 实时上色工具(K):用于按当前的上色属性绘制"实时上色"组的表面和边缘 | 实时上色(Shift+L):用于选择"实时上色"组中的表面和边缘 | 度量:用于测量两点之间的距离 | 斑点画笔工具(Shift+B):所绘制的路径会自动扩展和合并堆叠顺序中相邻的具有相同颜色的书法画笔路径 |

项目二 初识 Illustrator CS5

5. 改变形状工具库

改变形状工具库中各工具的作用如表 2-5 所示。

表 2-5　改变形状工具库

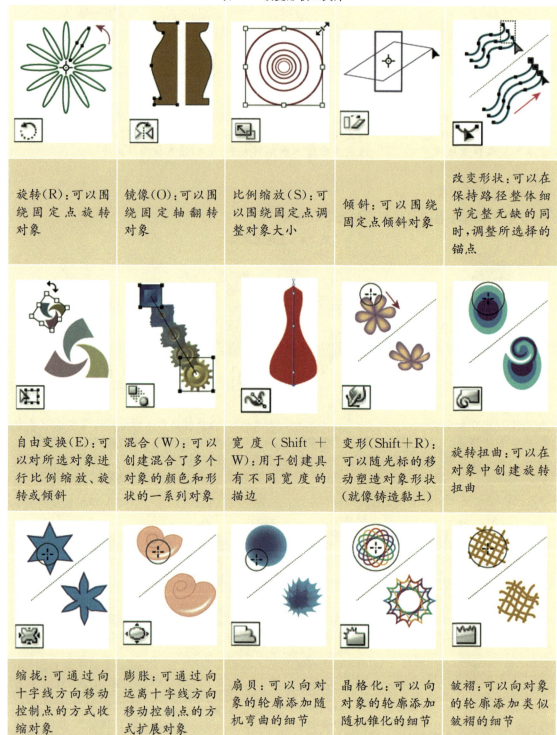

6. 符号工具库

符号工具库中各工具的作用如表 2-6 所示。

表 2-6 符号工具库

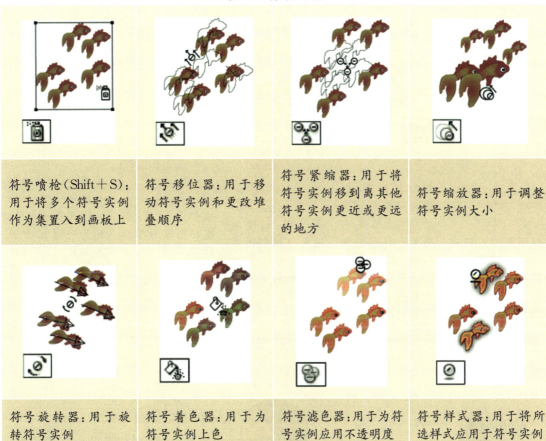

符号喷枪(Shift+S)：用于将多个符号实例作为集置入到画板上	符号移位器：用于移动符号实例和更改堆叠顺序	符号紧缩器：用于将符号实例移到离其他符号实例更近或更远的地方	符号缩放器：用于调整符号实例大小
符号旋转器：用于旋转符号实例	符号着色器：用于为符号实例上色	符号滤色器：用于为符号实例应用不透明度	符号样式器：用于将所选样式应用于符号实例

7. 移动和缩放工具库

移动和缩放工具库中各工具的作用如表 2-7 所示。

表 2-7 移动和缩放工具库

 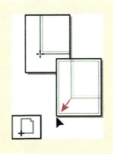 

抓手(H)：可以在插图窗口中移动 Illustrator 画板	打印拼贴：可以调整页面网格以控制图稿在打印页面上显示的位置	缩放(Z)：可以在插图窗口中增加和减小视图比例

8. 图形工具库

图形工具库中各工具的作用如表 2-8 所示。

表 2-8 图形工具库

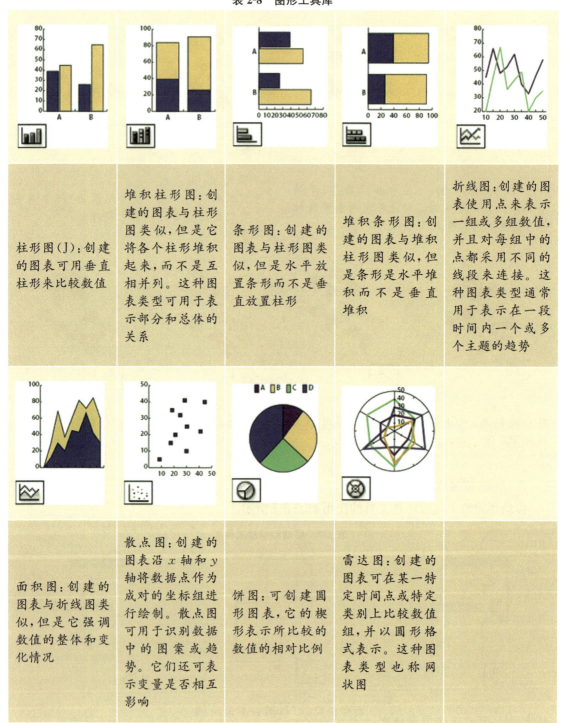

项目三 平面设计的基础知识

一、位图与矢量图

1. 位图

位图又称点阵图像,它是由许多单独的小方块组成的。这些小方块又称像素点,每个像素点都有其特定的位置和颜色值,位图图像的显示效果与像素点是紧密联系在一起的,不同排列和着色的像素点在一起组成了一幅色彩丰富的图像。像素点越多,图像的分辨率越高,相应地,图像的文件也会越大。如图 3-1(a)所示即为位图。

注:位图与分辨率有关,如果在屏幕上以较大的倍数放大显示图片,或以低于创建时的分辨率打印图像,图像就会出现锯齿状的边缘,并且会丢失细节。

(a) 位图

(b) 矢量图

图 3-1 位图与矢量图

2. 矢量图

矢量也称向量图,它是一种基于图形的几何特征来描述的图像,如图 3-1(b)所示。矢量图中的各种图形元素称为对象,每一种对象都是独立的个体,都具有大小、颜色、形状、轮廓等特性。

注:矢量图与分辨率无关,可以将它缩放到任意大小,其清晰度不变,也不会出现锯齿状的边缘。在任何分辨率下显示或打印,都不会丢失细节。

矢量图文件所占容量较少,其缺点是不易于制作色调丰富的图像,且绘制出来的图像无法同位图那样精确地绘制各种绚丽的景象。

二、分辨率

分辨率是用于描述图像文件信息的术语,分为图像分辨率、屏幕分辨率和输出分辨率。

1. 图像分辨率

图像中每单位长度上的像素数目,称为图像的分辨率,其单位为"像素/英寸"或是"像素/厘米"。在相同尺寸的两幅图像中,高分辨率的图像包含的像素比低分辨率的图像包含的像素多。如图 3-2(a)所示,尺寸为 1 英寸×1 英寸的图像,其分辨率为 300 像素/英寸,这幅图包含了 90000 个像素（300×300＝90000）。如图 3-2(b)所示，尺寸为 1 英寸×1 英寸的图像，其分辨率为 72 像素/英寸，这幅图包含了 5184 个像素。通过对比可以发现：在相同尺寸下，高分辨率能更加清晰地表现图像。

  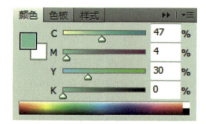

（a）高分辨率　　　（b）低分辨率

图 3-2　图像分辨率　　　　　　　　　　图 3-3　CMYK 颜色控制面板

如果一幅图像所包含的像素是固定的，增加图像尺寸后，会降低图像的分辨率。

2．屏幕分辨率

屏幕分辨率是指显示器上每单位长度显示的像素数目，取决于显示器大小加上其像素设置。PC 显示器的分辨率一般约为 96 像素/英寸，MAC 显示器的分辨率一般约为 72 像素/英寸。在 Photoshop 中，图像像素被直接转换成显示器像素，但当图像分辨率高于显示器分辨率时，屏幕中显示的图像比实际尺寸大。

3．输出分辨率

输出分辨率是指照相机或打印机等输出设备产生的每英寸的油墨点数(dpi)。打印机的分辨率在 720dpi 以上的，可以使图像获得比较好的效果。

三、色彩模式

PS 和 AI 提供了多种色彩模式，这些色彩模式是作品能够在屏幕和印刷品上成功表现的重要保障。这里重点介绍几种经常使用的色彩模式，即 CMYK 模式、RGB 模式、灰度模式及 Lab 模式，每种色彩模式都有不同的色域，并且相互之间可以转换。

1．CMYK 模式

CMYK 模式代表了印刷上使用的 4 种油墨颜色：C 代表青色，M 代表红色，Y 代表黄色，K 代表黑色。在印刷时，CMYK 模式应用了色彩学中的减色法混合原理，即减色色彩模式，它是图片、插画和其他作品中最为常用的一种印刷方法。这是因为在印刷中通常都要进行四色分色，出四色胶片，然后再进行印刷。

在 PS 中，CMYK 颜色控制面板如图 3-3 所示，在该面板中可设置 CMYK 颜色。在 AI 中，也可以使用颜色控制面板设置 CMYK 颜色。

注：如果要将作品进行印刷，在 PS 中制作平面设计作品时，一般会把图像文件的色彩模式设置为 CMYK 模式；在 AI 中制作平面设计作品时，绘制的矢量图形和制作的文字都要使用 CMYK 颜色。

可以在建立新的 PS 图像文件时选择 CMYK 颜色模式（即四色印刷模式），如图 3-4 所示。

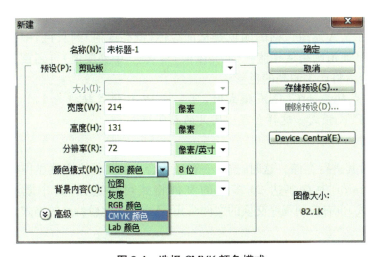

图 3-4　选择 CMYK 颜色模式

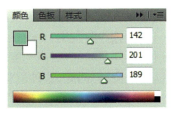

图 3-5　RGB 模式

图 3-6　灰度模式

注：在新建 PS 文档时，就选择 CMYK 模式。这种方式的优点是可以避免成品的颜色失真，因为在整个作品的制作过程中，所制作的图像都在可印刷的色域中。

在制作过程中，可以随时执行"图像/模式/CMYK 颜色"命令，将图像转换为 CMYK 模式。但是一定要注意，在图像转换为 CMYK 模式后，就无法变回原来图像的 RGB 颜色。因为 RGB 色彩模式在转换为 CMYK 色彩模式时，色域外的颜色会变暗，这样才会使整个色彩成为可以印刷的文件。因此，在将 RGB 模式转换成 CMYK 模式之前，可以执行"视图/校样设置/工作中的 CMYK"命令，预览转换为 CMYK 色彩模式时的图像效果，如果不满意，图像还可以根据需求进行调整。

2. RGB 模式

RGB 就是我们常说的三原色，R 代表 Red（红色），G 代表 Green（绿色），B 代表 Blue（蓝色），如图 3-5 所示。之所以称为三原色，是因为在自然界中肉眼所能看到的任何色彩都可以由这三种色彩混合叠加而成，因此也称为加色模式。RGB 模式又称 RGB 色空间，它是一种色光表色模式，广泛应用于我们的生活中，如：电视机、计算机显示屏、幻灯片等都是利用光来呈色。R、G、B 的辐射量的不同组合可描述出任一颜色。计算机定义颜色时，R、G、B 三种成分的取值范围是 0～255，0 表示没有光分量，255 表示光分量达到最大值。当 R、G、B 均为 255 时就合成了白光，均为 0 时就形成了黑色，当两色分别叠加时将得到不同的"C、M、Y"颜色。在显示屏上显示颜色定义时，往往采用这种模式。

3. 灰度模式

灰度模式（GrayScale）中只存在灰度，这种模式包括从黑色到白色之间的 256 种不同深浅的灰色调。在灰度文件中，图像的色彩饱和度为 0，亮度是唯一能够影响灰度图像的选项。亮度是指光强的度量，0% 代表黑，100% 代表白。而在颜色控制面板中的 K 值是用于衡量黑色油墨量的，如图 3-6 所示。

尽管 Photoshop 允许将一个灰度文件转换为彩色模式文件，但已经不可能恢复原来的颜色。所以在转换前应该做一个备份。

4. Lab 模式

Lab 模式是由国际照明委员会（CIE）于 1976 年公布的一种色彩模式。

Lab模式由三个通道组成,但不是R、G、B通道。它的一个通道是亮度,即L。另外两个是色彩通道,分别用A和B来表示。A通道包括的颜色是从深绿色(低亮度值)到灰色(中亮度值)再到亮粉红色(高亮度值);B通道则是从亮蓝色(低亮度值)到灰色(中亮度值)再到黄色(高亮度值)。因此,这种色彩混合后将产生明亮的色彩。

注:当Photoshop将RGB模式转换为CMYK模式时,可先将RGB模式转换为Lab模式,然后再从Lab模式转换为CMYK模式。这样会减少图片的颜色损失。

5. 文件格式

完成平面设计作品后,就要对其进行存储。这时,选择一种较为合适的文件格式就显得极为重要。在Photoshop和Illustrator中有多达20多种的文件格式可供选择,其中既有Photoshop和Illustrator的专用格式,也有应用程序交换的文件格式,还有一些比较特殊的格式。

(1) 固有格式

① PSD格式:Photoshop软件的固有格式,扩展名为".psd"。能保存图层、通道、路径等信息,便于以后修改。缺点是保存文件较大。

② AI格式:Illustrator软件的专用格式。它的兼容性较高,可以在CorelDRAW中打开,也可将CDR格式的文件导出为AI格式。

(2) 大型文档

① 大型文档PSB格式:如果要处理超过2G的文档文件,可以使用大型文档格式(PSB)。

② 支持数码相机的RAW格式:这是一种数码相机原始数据格式,相当于传统相机的菲林底片,它的色彩和层次的宽容度相当广阔。

(3) 常用图片格式

① JPEG格式(*.JPG):一种压缩效率很高的存储格式,属于有损压缩,也是目前流行并可以压缩到最小的格式。支持CMYK、RGB和灰度等颜色模式,但不支持Alpha通道。JPEG格式也是目前网络可以支持的图像文件格式之一。

② BMP格式:微软公司绘图软件的专用格式,是Photoshop最常用的位图格式之一,支持RGB、索引、灰度和位图等颜色模式,但不支持CMYK模式的图像。不能在苹果机的应用程序中使用。

③ PNG格式:无损压缩格式,一般用于在Web上显示的图像。PNG格式支持24位图像并产生无锯齿边缘的透明背景,但较早版本的Web浏览器可能不支持。

(4) 常用动画格式

GIF格式:这是Photoshop中最常用的动画格式,它使用LZW压缩方式将文件压缩得很小且不会占太多磁盘空间,因此GIF格式广泛应用于网页文档中,或网络上的图片传输。但是只保存最多256色的RGB色阶,支持8位的图像文件。在保存GIF格式前,必须将图片格式转换为位图,并将颜色模式转换为灰度图或者索引色。

6. 页面设置

在设计制作平面作品前,要根据需要在Photoshop和Illustrator中设置页面文件的尺寸。

(1) 在Photoshop中设置页面

具体操作步骤如下:

执行"文件/新建"命令,弹出"新建"对话框,如图3-7所示。在该对话框中,"名称"选项后的文本框中可以输入新建图像的文件名;"预设"选项后的下拉列表用于自定义或选择其他固定格式文件的大小；在"宽度"和"高度"选项后的数值框中可以输入需要设置的数值；在"分辨率"选项后的数值框中可以输入需要设置的分辨率。图像的宽度和高度的单位可设定为像素或厘米，单击"宽度"和"高度"选项下拉列表后的黑色三角箭头，弹出计量单位下拉列表，可以选择计量单位。"分辨率"选项可以设定每英寸的像素数或每厘米的像素数，一般在进行屏幕练习时，设定为72像素/英寸；在进行平面设计时，设定为输出设备的半调网屏频率的1.5～2倍，一般为300像素/英寸。最后单击"确定"按钮，即可新建页面。

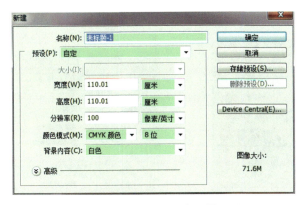

图 3-7　在 Photoshop 中设置页面

(2) 在 Illustrator 中设置页面

在实际工作中，往往要利用 Illustrator 软件来完成印前的制作任务，随后才可以出胶片、送印厂。因此在设计制作前，要设置好作品的尺寸。具体操作步骤如下：

执行"文件/新建"命令，弹出"新建文档"对话框，如图 3-8 所示。在该对话框中，"名称"选项后的文本框中可以输入新建图形的文件名；"新建文档配置文件"选项可以基于所需的输出选择新的文档配置文件以启用新文档；"大小"选项后的下拉列表用于选择系统预先设置的文件尺寸；在"宽度"和"高度"选项后的数值框中输入需要设置的宽度和高度的数值；"单位"选项用于设置文件所采用的单位；"取向"选项用于设置新建页面的排列方向（竖向还是横向）。

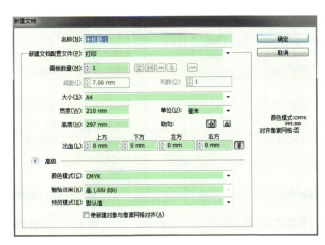

图 3-8　在 Illustrator 中设置页面

单击 按钮，弹出"高级"选项，其中"颜色模式"选项用于设置新建文件的颜色模式；"栅格效果"选项用于为文档中的栅格效果指定分辨率;"预览模式"选项用于为文档设置默认预览模式。

7. 图像大小

在完成平面设计任务的过程中,为了更好地编辑图像,经常需要调整图形的大小。

(1) 在 Photoshop 中调整图像大小

具体操作步骤如下:

① 启动 Photoshop,执行"文件/打开"命令,在弹出的"打开"对话框中搜寻下载资料文件夹"项目三\素材",选中文件"水杯.jpg",如图 3-9 所示,单击"打开"按钮。或按 Ctrl+O 快捷键打开。

图 3-9　水杯

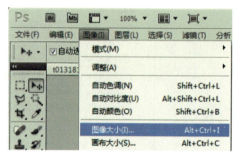

图 3-10　执行"图像大小"命令

② 执行"图像/图像大小"命令,如图 3-10 所示,或右击"图像"标题栏,在弹出的快捷菜单中选择"图像大小"命令。

③ 弹出"图像大小"对话框,如图 3-11 所示。如图 3-12 所示修改参数,将"像素大小"选项板中的"宽度"调整为"600 像素",单击"确定"按钮。

注:在"图像大小"对话框中勾选了"约束比例"复选框,对话框中其参数也会发生改变,如图 3-12 所示。

④ 设置完成后,图像会按照设定的数值发生变化,将调整后的图像放置在原图固定的白色背景内,即可显示出调整后的效果。

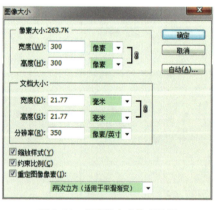

图 3-11　"图像大小"对话框

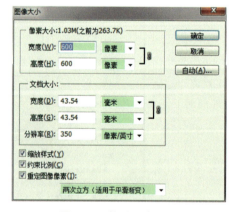

图 3-12　修改图像大小

注:在设计过程中,一般情况下位图的分辨率应在 300 像素/英寸,这样在编辑图像的尺寸时可以从大尺寸更改为小尺寸,而不会出现品质的问题。如果从小尺寸调整到大尺寸时,就会造成较为严重的图像品质损失。

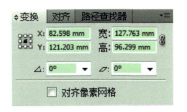

图 3-13 "变换"控制面板

(2) 在 Illustrator 中调整图像大小

在 Illustrator 中,使用"选择"工具选取要缩放的对象,对象的周围会出现控制手柄,用鼠标拖拽控制手柄就可以手动缩小或放大对象。也可执行"窗口/变换"命令,弹出"变换"控制面板,如图 3-13 所示。在该面板中,"宽"和"高"选项可根据需要调整好相应数值即可。

8. 出血

印刷出血是指成品书在裁切时,或是印刷品在裁切时裁掉的部分。一般的出血设置为 3 mm。下面以制作一张名片为例,同学们试试分别用 PS 和 AI 软件设置其出血效果,要求:尺寸为竖排 50 mm×90 mm,如果名片有底纹,则需要将底色跨出页面边缘的成品裁切线 3 mm。

(1) 在 Photoshop 中设置出血

① 启动 Photoshop,执行"文件/新建"命令,或按 Ctrl+N 快捷键,在弹出的"新建"对话框中,如图 3-14 所示设置参数。设置宽度为"56 毫米",高度为"96 毫米",单击"确定"按钮完成新建文档的尺寸设置。

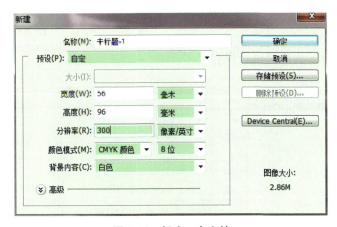

图 3-14 新建一个文档

② 按 Ctrl+R 快捷键,显示标尺,如图 3-15 所示。

图 3-15 显示标尺

③ 点击工具箱中的"选择"按钮,再将光标移至标尺的左侧,然后按住鼠标左键不放,从左到右拖出一条参考线放置在文档 3 mm 的位置。按照上述同样的方法再拖出一条参考线放置在 53 mm 的位置上,如图 3-16 所示。

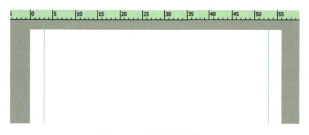

图 3-16　放置参考线 1

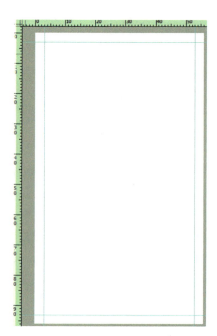

图 3-17　放置参考线 2

④ 按照上述同样的方法,从上到下拖出两条参考线分别放置在 3 mm 和 93 mm 的位置上,如图 3-17 所示。

⑤ 执行"文件/置入"命令,选择下载资料文件夹"项目三\素材\底纹.jpg"文件,单击"置入"按钮完成操作,如图 3-18 所示。

⑥ 最后按 Ctrl+S 快捷键进行保存。

图 3-18　置入文件

(2) 在 Illustrator 中设置出血

① 启动 Illustrator,按 Ctrl+N 快捷键,弹出"新建文档"对话框,如图 3-19 所示进行参数设置,单击"确定"按钮。将"出血"选项中的"上方"、"下方"、"左方"和"右方"调整为 3 mm。

② 如图 3-20 所示,红色框是出血尺寸,在红色框和实线框之间的空白区域是 3 mm 的出血设置。

③ 执行"文件/置入"命令,选择下载资料文件夹"项目三\素材\名片.jpg"文件,按"置入"按钮完成操作,如图 3-21 所示。

④ 最后按 Ctrl+S 快捷键进行保存。

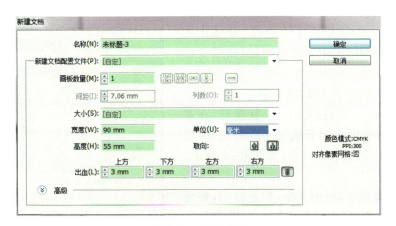

图 3-19　新建文档

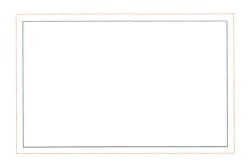

图 3-20　出血设置

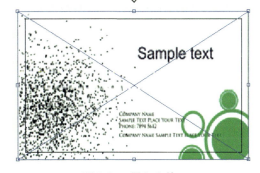

图 3-21　置入文件

9. 文字转换

在 Photoshop 和 Illustrator 中输入文字时，需要选择字体。文字的字体文件安装在计算机、打印机或照排机中。字体就是文字的外在形态，当你选择的字体与输出中心的字体不匹配时，或者没有你选择的字体时，出来的胶片上的文字就不是你选择的字体，也可能会出现代码。

（1）在 Photoshop 中转换文字

① 启动 Photoshop，按 Ctrl+O 快捷键，在弹出的"打开"对话框中选择下载资料文件夹"项目三\素材\PS 文字转换.psd"文件，如图 3-22 所示，单击"打开"按钮。

② 在右侧的"图层"面板中,选择文字图层。右击鼠标,在弹出的快捷菜单中选择"栅格化文字"命令,将文字图层转化为普通图层,如图 3-23 所示。

(2) 在 Illustrator 中转换文字

① 启动 Illustrator,按 Ctrl+O 快捷键,在弹出的"打开"对话框中选择下载文件资料夹"项目三\素材\AI 文字转换.ai"文件,如图 3-24 所示,单击"打开"按钮。

② 在操作界面中,选中文字,右击鼠标,在弹出的快捷菜单中选择"创建轮廓"命令,即将文字转化为轮廓,如图 3-25 所示。

注:将文字转换为轮廓,就是将文字转换为图形,在输出后将不会出现文字的匹配问题。但需注意,经转换后的文字无法使用文字工具进行编辑。

图 3-22　打开文件

图 3-23　转化图层

图 3-24　打开文件

图 3-25　转化文字为轮廓

10. 印前检查

在 Illustrator 中，可以对设计制作好的名片在印刷前进行检查。具体操作步骤如下：

① 启动 Illustrator，执行"文件/打开"命令，打开下载文件资料夹"项目三\素材\AI 文字转换.ai"文件。然后执行"窗口/文档信息"命令，弹出"文档信息"面板，如图 3-26 所示。

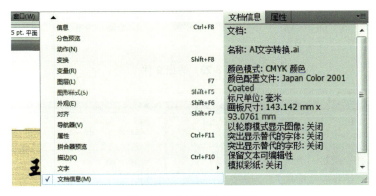

图 3-26　"文档"信息面板

② 单击面板右上方的三角按钮，在弹出的下拉菜单中可查看各个项目，如图 3-27 所示。

注：在"文档信息"面板中无法反映图片丢失、修改后未更新、有多余的通道或路径问题。执行"窗口/文字"命令，在弹出的"链接"面板中，可以警告丢失或未更新的图片，如图 3-28 所示。

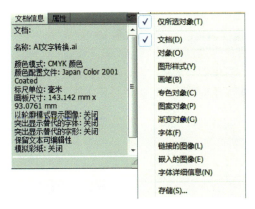

图 3-27　查看各项目

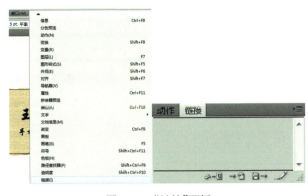

图 3-28　"链接"面板

11. 小样

设计制作完成后,可以通过 Illustrator 查看设计完成稿的小样。具体操作步骤如下:

打开下载资料文件夹"项目三\素材\AI 文字转换.ai"文件,执行"文件/导出"命令,如图 3-29 所示,弹出"导出"对话框,如图 3-30 所示,将"保存类型"设置为"JPEG"格式,单击"保存"按钮,弹出"JPEG 选项"对话框,单击"确定"按钮,导出图像。

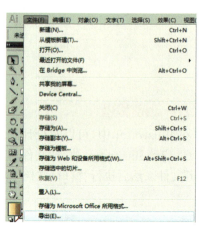

(a) 素材文件　　　　　　　　　　　　　　(b) 执行"导出"命令

图 3-29　导出文件

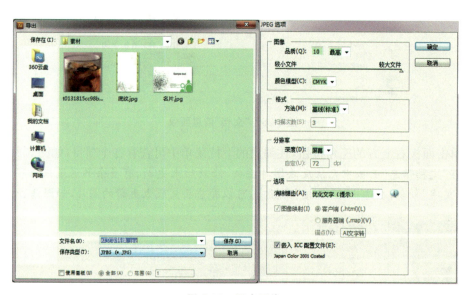

图 3-30　导出图像

字体效果篇

项目四　毛笔绘制字体效果

通过本项目的实践，同学们利用 Illustrator 能够熟练地使用"钢笔"工具绘制对象路径，并能使用"画笔"工具为路径增加书法画笔绘制效果，然后能利用 Photoshop 软件，使用其中的"通道"、"蒙版"以及"混合模式"等工具，对对象进行修饰和润色，使毛笔绘制的字体表现得更加完美，最终效果如图 4-1 所示。

图 4-1　最终效果

技能要求

Illustrator CS5	Photoshop CS5
● 笔刷工具	● 钢笔工具的使用 ● 通道的使用方法

任务一　在 AI 中创建文字素材

（1）启动 Illustrator，新建一个 AI 文档，如图 4-2 所示将名称更改为"毛笔效果"。

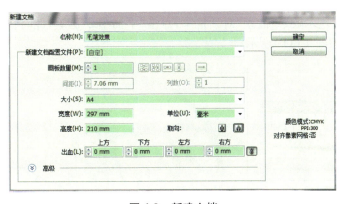

图 4-2　新建文档

（2）点击工具箱中的"钢笔"按钮，并将填色设置为"无"。如图 4-3 所示，在操作界面中，绘制路径（绘制时，尽量绘制出草书的效果）。

（3）点击工具箱中的"间接选区工具"按钮，框选（2）创建中的所有对象，如图 4-4 所示。

图 4-3 绘制路径　　　　　　　　　　图 4-4 框选所有对象

（4）打开"画笔"面板，点击面板下方的"画笔库菜单"按钮，在弹出的快捷菜单中选择"艺术效果_油墨"命令，如图 4-5 所示。

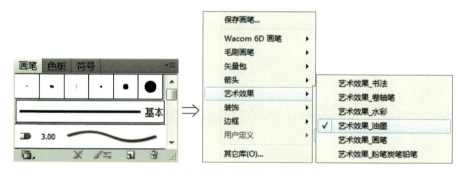

图 4-5 执行"艺术效果_油墨"命令

（5）在弹出的"艺术效果_油墨"对话框中，点击"干油墨 2"画笔，此时在操作界面中就会应用该画笔的效果，如图 4-6(b)所示。

(a) 选择画笔　　　　　　　　　　(b) 画笔效果

图 4-6 应用画笔效果

（6）再次框选整个对象，打开"描边"面板，设置粗细的参数为"3"，如图4-7所示。

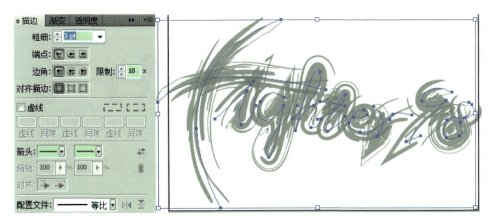

图4-7　设置粗细参数

（7）点击工具箱中的"选择"按钮，框选操作界面中的所有对象，然后按住Alt键，同时按住鼠标左键不放将所选对象向上拖动到适当位置后，松开鼠标，将对象进行复制，如图4-8所示。

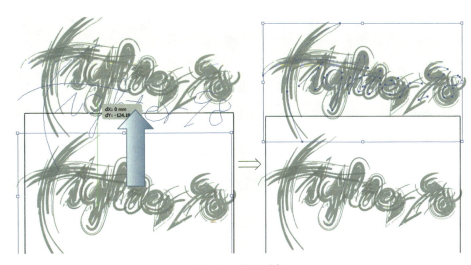

图4-8　复制对象

（8）选择"艺术效果_油墨"对话框中的"书法1"，将该笔刷应用到复制的对象上，如图4-9所示。

（9）打开"描边"面板，设置粗细的参数为"2"，效果如图4-10所示。

（10）应用画笔效果后，有些字体效果表现得不够理想，此时需要手动调节锚点。点击工具箱中的"直接选择工具"按钮，在操作界面中选择锚点1和2，进行适当的移动调整，效果如图4-11所示。

（11）再次点击工具箱中的"直接选择工具"按钮，在操作界面中选择锚点3，然后打开"描边"面板，在边角的选项中，点击"圆角连接"按钮，效果如图4-12(c)所示。

（12）双击工具箱中的"描边"按钮，在弹出的"拾色器"对话框中，输入如图4-13所示参数，将文字的颜色改为红色。

图 4-9　笔刷应用

图 4-10　设置粗细参数

图 4-11　调整锚点 1 和 2

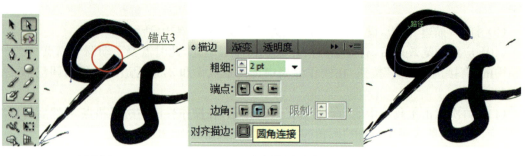

（a）选择锚点 3　　　　　（b）点击"圆角连接"　　　　（c）完成操作

图 4-12　调整锚点 3

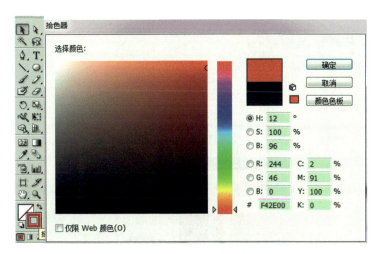

图 4-13　修改文字颜色

(13) 按 Ctrl+S 快捷键,保存文档。

任务二　制作背景并导入素材

(1) 启动 Photoshop,新建一个文档,如图 4-14 所示设置参数。

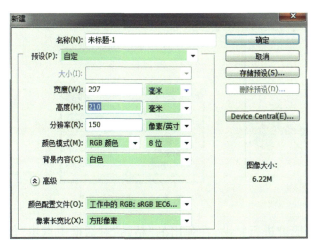

图 4-14　新建文档

图 4-15　选择"渐变"

(2) 点击工具箱中的"渐变"按钮,在菜单栏下的选项栏中,点击"可编辑渐变"按钮,如图 4-15 所示。

(3) 弹出"渐变编辑器"对话框,点击该对话框下方如图 4-16 所示的第一个色标滑块,在弹出的"选择色标颜色"对话框中设置颜色。

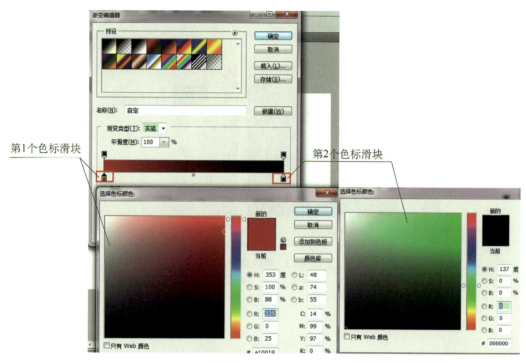

图 4-16 设置色标颜色

（4）按照上述相同的操作步骤，为第二个色标滑块设置颜色，最后点击"确定"按钮完成操作。

（5）按住 Shift 键，在操作界面中从左向右绘制一条水平的渐变线。

（6）打开任务一中创建的 AI 文件，点击工具箱中的"选择"按钮，在操作界面中框选所有对象，如图 4-17 所示，再按 Ctrl＋C 快捷键进行复制。

图 4-17 框选对象并复制

图 4-18 选择"像素"

（7）再次打开 PS 文档，按 Ctrl＋V 快捷键进行粘贴，在弹出的"粘贴"对话框中点击"像素"选项，最后点击"确定"按钮，如图 4-18 所示。

（8）如图 4-19 所示，在矩形调整框中，将光标放置在任意一个锚点，同时按住 Shift 键，等比缩放对象大小，按回车键。

（9）打开 AI 文档，如图 4-20 所示选择对象，按 Ctrl＋C 键进行复制。

（10）打开 PS 文档，按 Ctrl＋V 快捷键进行粘贴，如图 4-21 所示。最后调整文字的大小，按回车键确定。

图 4-19 缩放操作

图 4-20 AI 中复制对象

图 4-21 PS 中调整文字大小

任务三　PS 中制作绘制效果

（1）打开"图层"面板，按住 Ctrl 键，鼠标点击"图层 1"的缩略图，如图 4-22 所示，从而创建文字的选区。

图 4-22 创建文字选区

图 4-23 增加蒙版

（2）在"图层"面板中选择"图层 2"，再点击该面板下方的"增加图层蒙版"按钮，为图层增加蒙版，如图 4-23 所示。

（3）打开"通道"面板，选中"图层2蒙版"通道，并按住鼠标左键不放将其拖至面板下方的"创建新通道"按钮上，从而复制一个通道，如图4-24所示。

图4-24 复制一个通道

（4）执行"滤镜/艺术效果/木刻"命令，在弹出的面板中设置参数，如图4-25所示。

图4-25 设置参数

（5）点击面板右下方的"新建效果图层"按钮，然后选择"画笔描边/成角的线条"，点击"确定"按钮，最终效果如图4-26所示。

图4-26 画笔描边效果

（6）按住 Ctrl 键，点击"通道"面板中的"图层 2 蒙版副本"通道，载入选区，如图 4-27 所示。

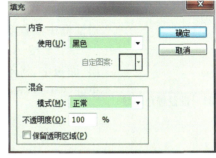

图 4-27　载入选区　　　　　　　　　图 4-28　填充设置

（7）点击"图层"面板下方的"新建图层"按钮，新建一个图层。

（8）按 Shift＋F5 快捷键，在弹出的"填充"对话框中，如图 4-28 所示进行设置，点击"确定"按钮。

（9）按 Ctrl＋D 快捷键，取消选区。

（10）在"图层"面板中选择"图层 2"，按住 Shift 键，再点击"图层 2"的蒙版缩略图，使蒙版处于非激活状态，然后点击"图层 2"的图层缩略图。

（11）点击"图层"面板下方的"增加图层样式"按钮，在弹出的下拉菜单中选择"投影"命令，如图 4-29 所示。

图 4-29　选择"投影"命令

（12）在弹出的"投影"对话框中，混合模式选择"滤色"，颜色参数设置如图 4-30(b)所示，并更改"距离"、"扩展"和"大小"的参数如图 4-30(a)所示，点击"确定"按钮。

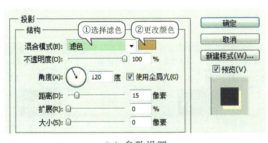
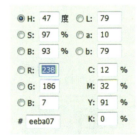

（a）参数设置　　　　　　　　　　（b）颜色参数

（c）效果图

图 4-30　设置投影参数

图 4-31 设置颜色参数

(13) 选择"图层 1",按住 Ctrl 键,再点击"图层 1"的缩略图,从而创建选区。

(14) 双击工具箱中的"前景色"按钮,在弹出的"拾色器(前景色)"对话框中设置颜色参数,如图 4-31 所示。

(15) 按 Alt+Backspace 快捷键,将前景色填充给选区。在"图层"面板中,将不透明度设置为 35%,按 Ctrl+D 快捷键取消选区,效果如图 4-32(b)所示。

(a) 设置不透明度　　　　　　　　(b) 效果图

图 4-32 出图效果

(16) 在"图层"面板中,选中"图层 2",再按 Ctrl+J 快捷键,复制图层,如图 4-33 所示。

(17) 点击图层"混合模式"右侧的三角键头,在弹出的下拉列表中选择"柔光"模式,然后在按住 Shift 键的同时,点击"图层 4"的蒙版缩略图,将蒙版激活,如图 4-34 所示。最终效果如图 4-1 所示。

图 4-33 复制图层

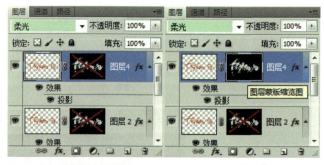

(a) 选择"柔光"模式　　　　　(b) 激活蒙版

图 4-34 选择"柔光"并激活蒙版

知识点与技能

1. 钢笔工具(PS+ AI)

Photoshop 和 Illustrator 软件中都有钢笔工具,其用法基本相同。钢笔工具绘制出的贝塞尔曲线是绘图软件中非常重要的绘形工具。接下来以 PS 中的钢笔工具为例,进行详细讲解。

钢笔工具在 Photoshop 的工具箱中,鼠标右击"钢笔"按钮会显示其所包含的 5 个按钮(如图 4-35 所示),它们可以完成路径的前期绘制工作。

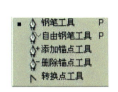
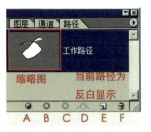

图 4-35 钢笔工具　　图 4-36 选择工具　　图 4-37 "路径"面板

鼠标右击钢笔工具上方的按钮会显示两个选择按钮(如图 4-36 所示),结合图 4-35 中的部分按钮可以编辑和修改绘制好的路径曲线,完成其后期调节工作。"路径"面板相当于钢笔工具的"后台"。绘制好的路径曲线的名称及其缩略图都会在"路径"面板中显示,如图 4-37 所示。

选择钢笔工具,在菜单栏的下方显示如图 4-38 所示选项栏。钢笔工具有两种创建模式:创建新的形状图层和创建新的工作路径。

图 4-38 钢笔工具选项栏

(1) 创建新的形状图层模式

创建形状图层模式不仅可以在"路径"面板中新建一个路径,同时还在"图层"面板中创建了一个形状图层。如果单击图 4-38 所示选项栏上的"创建新的形状图层"按钮,就可以在创建之前设置形状图层的样式,混合模式和不透明度的大小。

如果勾选如图 4-38 所示选项栏上的"自动添加/删除",我们就可以在绘制路径的过程中对绘制出的路径进行如下操作:单击该路径上的某点可以在该点添加一个锚点,而单击原有的锚点则可以将其删除。如果未勾选此项,可以鼠标右击路径上的某点,在弹出的快捷菜单中选择添加锚点;或鼠标右击原有的锚点,在弹出的快捷菜单中选择删除锚点来达到同样的目的。

勾选"橡皮带"选项,可以显示下一个将要定义的锚点所形成的路径,较为直观。

(2) 创建新的工作路径模式

单击"创建新的工作路径"按钮,然后在操作界面中连续单击鼠标可以绘制出折线,最后单击工具栏上的"钢笔"按钮结束绘制;也可以在按住 Ctrl 键的同时在操作界面中的任意位置单击鼠标。

如果要绘制多边形,最后闭合时,将鼠标箭头靠近路径起点,当箭头旁出现一个小圆圈时,单击鼠标左键,就可以将路径闭和。

如果在创建锚点时单击鼠标并拖拽会出现一个曲率调杆,它可以调节该锚点处曲线的曲率,从而绘制出路径曲线。

2. 路径节点种类和转换点工具

路径上的节点有 3 种：无曲率调杆的节点（角点）、两侧曲率一同调节的节点（平滑点）和两侧曲率分别调节的节点（平滑点），如图 4-39 所示。

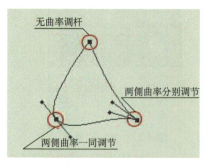

图 4-39　路径上的节点

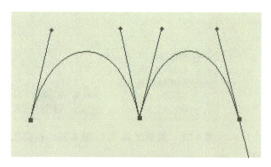

图 4-40　绘制曲线

在绘制路径曲线时，锚点两侧曲率分别调节的方式较难掌握，下面我们就通过绘制一条如图 4-40 所示的曲线来说明如何准确地创建这种调节方式的锚点。

① 选择钢笔工具，先按住 Alt 键，然后在操作界面上单击鼠标并拖拽，定义第一个锚点。

② 松开鼠标，再松开 Alt 键，单击鼠标左键确定第二个锚点的位置并拖拽，当曲率合适后，按住 Alt 键，然后将鼠标向上移动，可以看到该锚点变为两侧曲率分别调节的方式。

③ 当曲率调节合适后，先松开鼠标，再松开 Alt 键，在最后一个锚点的位置单击鼠标左键确定并拖拽来完成该路径曲线的绘制。

3. 添加锚点工具和删除锚点工具

添加锚点工具和删除锚点工具主要用于对现成的或绘制完的路径曲线作调节时使用。比如我们要绘制一个很复杂的形状，不可能一次性完成，应先绘制一个大致的轮廓，然后结合添加锚点工具和删除锚点工具对其进行逐步细化直至达到最终效果。

① 添加锚点工具：可以在任何路径上增加新锚点，即指那些线上的小点，如图 4-41(a) 所示。

② 删除锚点工具：可以在路径上删除任何锚点，如图 4-41(b) 所示。

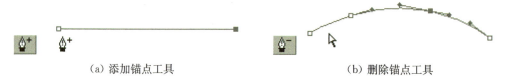

（a）添加锚点工具　　　　　　　　　　（b）删除锚点工具

图 4-41　添加/删除描点工具

4. 路径选择工具和直接选择工具

路径选择工具和直接选择工具在绘制和调节路径曲线的过程中使用率是很高的。

路径选择工具可以选择不同的路径组件，如图 4-42 所示。

直接选择工具在调节路径曲线的过程中起着举足轻重的作用，因为对路径曲线来说最重要的锚点的位置和曲率都要通过该工具来调节。

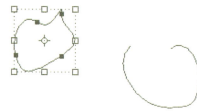

图 4-42　路径选择工具

5. AI 笔刷工具

笔刷工具(Paintbrush Tool)和笔刷面板(Brush Panel)是 AI 中两个强大的工具,如图 4-43 所示,在它们的帮助下,你可以用矢量图创作出绚丽的花朵、图案等图形,AI 笔刷工具的作用与 PS 钢笔工具的作用相似,均通过点击和拖拽绘制出矢量路径,不同的是,笔刷工具允许将预先做好的矢量图形施加到路径上去,能极大地改善利用 AI 制作出的矢量图产品的质量。

图 4-43　笔刷工具

(1) 四种笔刷类型

AI 有四种笔刷类型,当每一种笔刷施加给路径时都会呈现不同的外观。

① 书法笔刷:当对笔尖进行相应设定时,可以模拟墨水笔、画笔的不同效果,如图 4-44 所示。

图 4-44　书法笔刷　　　　　　　　　　图 4-45　散布笔刷

② 散布笔刷:可以将矢量图形定义为笔刷。当施加给路径时,这些矢量图形副本就会沿着路径散布,如图 4-15 所示。

③ 艺术笔刷:可以将矢量图形定义为笔刷。当施加给路径时,这些矢量图形就会沿着路径伸缩,如 5-46 所示。

图 4-46　艺术笔刷　　　　　　　　　　图 4-47　图案笔刷

④ 图案笔刷:允许将 5 个矢量图形定义为图案笔刷的起点、终点、边线、内边角、外边角。当施加给路径时,这些矢量图形将会沿着路径的不同位置进行分布,如图 4-47 所示。这是 AI 中最复杂的笔刷。

(2) 应用笔刷和用笔刷绘制图形

AI 中笔刷工具的使用方法有两种,可以直接用笔刷工具绘制图形,也可以将笔刷工具应用到一个路径上。

① 直接用笔刷工具绘制:选中笔刷工具,然后在"笔刷"面板中选择相应的笔刷,最后直接在操作界面中绘制即可,如图 4-48 所示。

② 应用到路径:先选中要应用笔刷的路径,然后在"笔刷"面板中选择相应的笔刷即可,如图 4-49 所示。

图 4-48　直接用笔刷工具绘制

项目四　毛笔绘制字体效果

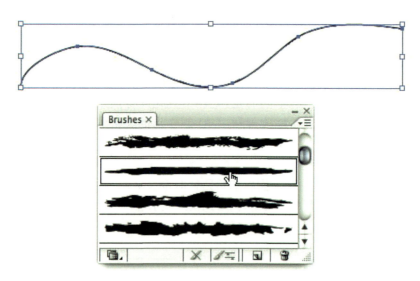

图 4-49　应用到路径

6. Ai 笔刷面板详解

AI 的"笔刷"面板可以对上述四种笔刷类型进行相应设置，如图 4-50 所示。"笔刷"面板包括以下内容：

① "笔刷"面板下拉菜单(drop-down menu)：可以改变 AI"笔刷"面板的视图、选择未使用的笔刷、打开其他笔刷库等。

② 笔刷库菜单(Brush Libraries Menu)：可以打开计算机中其他笔刷库或者保存自己的笔刷库。

③ 移除笔刷(Remove Brush Stroke Button)：可以将笔刷效果从路径上移除。

④ 笔刷选项(Stroke Options)：可以进入相应笔刷类型的设置选项。

⑤ 创建新笔刷(New Brush)：可以创建一个新的笔刷。

⑥ 删除笔刷(Delete Brush)：将笔刷从"笔刷"面板上删除。

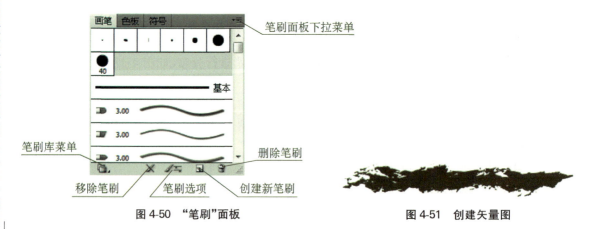

图 4-50　"笔刷"面板　　　　　　图 4-51　创建矢量图

7. 设定艺术笔刷

AI中自带几种预设的艺术笔刷,而通过以下步骤你可创建新的艺术笔刷。

① 在AI里创建一些矢量图,或者下载类似于AI毛笔笔刷之类的文件,如图4-51所示。记住:AI不允许用带渐变和效果的矢量图来创建艺术笔刷。

② 选择①中所创建的矢量图,将它们拉入AI的"笔刷"面板,在弹出的"新建笔刷"对话框中选择艺术笔刷。

③ 弹出如图4-52所示的"艺术画笔选项"对话框,根据命名习惯命名。

④ 方向(Direction):"方向"选项可以设定笔刷和所要施加的路径的相对方向。点击右侧的箭头后,可以在左侧的预览图中实时预览笔刷在路径上的效果。

⑤ 宽度(Width):改变这个值可以改变笔刷和要应用的路径的相对大小关系。

⑥ 水平翻转(Flip Along)和垂直翻转(Flip Across):可以设置笔刷在路径上进行水平或垂直翻转。

⑦ 着色(Colorization):与散布笔刷的着色设置相同。

如果在AI中要编辑艺术笔刷,只需双击"笔刷"面板上想要编辑的笔刷,在弹出的"编辑艺术笔刷"对话框可操作。

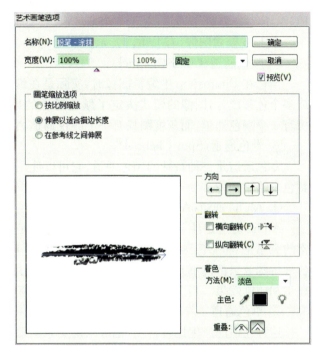

图4-52 "艺术画笔选项"对话框

8. PS中通道的使用方法

(1) 通道的定义

为了记录选区范围,可以通过黑与白的形式将其保存为单独的图像,进而制作各种效果。人们将这种独立并依附于原图的、用以保存选择区域的黑白图像称为"通道"(Channel)。换言之,通道才是图像处理中最重要的部分。

(2) 通道的作用

① 表示选择区域,也就是白色代表的部分。利用通道,你可以建立如同头发丝这样的精确选区。

② 表示墨水强度。利用"Info"面板可以体会到这点,不同的通道都可以用256级灰度来表示不同的亮度。在Red通道里的一个纯红色的点,在黑色的通道上显示就是纯黑色,即亮度为0。

③ 表示不透明度。

④ 表示颜色信息。不妨实验一下,预览Red通道,无论鼠标怎样移动,"Info"面板上都仅有R值,其余的都为0,看看是不是这样?

(3) 通道的分类

通道作为图像的组成部分,与图像的颜色格式密不可分,它们决定了通道的数量和模式,在"通道"面板中可以直观查看。PS 中涉及的通道主要有:

① 复合通道(Compound Channel)。

复合通道不包含任何信息,实际上它只是同时预览并编辑所有颜色通道的一个快捷方式,通常用于在单独编辑完一个或多个颜色通道后使"通道"面板返回它的默认状态。不同模式的图像的通道数量是不同的。在 Photoshop 中,通道涉及三个模式:对于一个 RGB 模式图像,有 RGB、R、G、B 四个通道;对于一个 CMYK 模式图像,有 CMYK、C、M、Y、K 五个通道;对于一个 Lab 模式图像,有 Lab、L、a、b 四个通道。

② 颜色通道(Color Channel)。

当你在 Photoshop 中编辑图像时,实际是在编辑颜色通道。这些通道把图像分解成一个或多个色彩成分,图像的模式决定了颜色通道的数量,RGB 模式有 3 个颜色通道,CMYK 图像有 4 个颜色通道,而灰度图只有一个颜色通道,它们包含了所有将被打印或显示的颜色。

③ 专色通道(Spot Channel)。

专色通道是一种特殊的颜色通道,它可以使用除青色、洋红(也称品红)、黄色、黑色以外的颜色来绘制图像。

④ Alpha 通道(Alpha Channel)。

Alpha 通道是计算机图形学中的术语,指的是特别的通道。有时,它特指透明信息,但通常的意思是"非彩色"通道。这是我们真正需要了解的通道,可以说在 Photoshop 中制作出的各种特殊效果都离不开 Alpha 通道,它最基本的用处在于保存选取范围,并不会影响图像的显示和印刷效果。当图像输出到视频,Alpha 通道也可以用来决定显示区域。

⑤ 单色通道。

这种通道的产生比较特别,也可以说是非正常的。同学们不妨尝试一下,当你在"通道"面板中随便删除其中一个通道,就会发现所有的通道都变成"黑白"的,原有的彩色通道即使不删除也变成灰度了。

项目实训二 闪光字效果

(1) 启动 Photoshop,新建一个文档,将名称更改为"闪光字效果",如图 4-53 所示。

(2) 按 Shift+F5 快捷键,在弹出的"填充"对话框中,选择"黑色",按回车键完成操作,如图 4-54 所示。

(3) 点击工具箱上的"字体"按钮,在"字符"面板中如图 4-55 所示设置字体样式、字体大小以及字体颜色,然后在操作界面中输入文字,效果如图 4-55 所示。

(4) 点击在"通道面板"中的"创建新通道"按钮,从而创建出一个"Alpha1"通道。

(5) 执行"滤镜/杂色/添加杂色"命令,在弹出的"添加杂色"对话框中设置参数,如图 4-56 所示。

(6) 执行"滤镜/模糊/动感模糊"命令,在弹出的"动感模糊"对话框中设置参数,如图 4-57 所示。

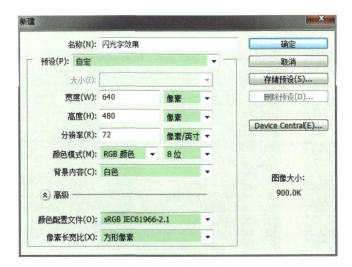

图 4-53　新建文档　　　　　　　　图 4-54　选择"黑色"

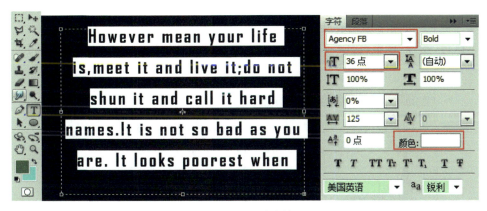

图 4-55　创建字体

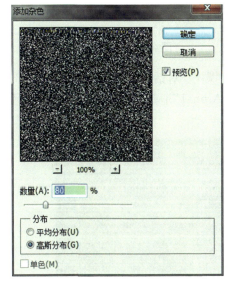
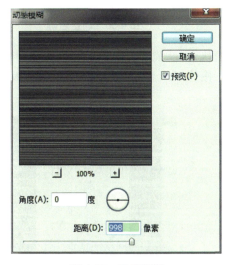

图 4-56　添加杂色　　　　　　　　图 4-57　动感模糊

（7）点击工具箱中的"矩形选区"按钮，在操作界面中绘制一个矩形选区，如图 4-58 所示。

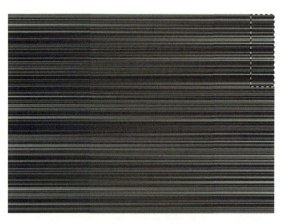

图 4-58　使用"矩形选区"

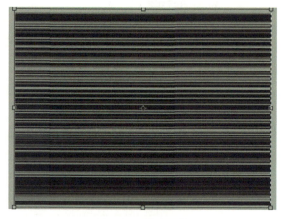

图 4-59　扩展图像

（8）按 Ctrl+T 快捷键，执行"自由变换"命令。鼠标拖动围绕图像周围的调节点，将图像扩展到整个画面，按回车键完成操作，如图 4-59 所示。

（9）执行"图像/调整/色阶"命令，如图 4-60 所示，调整"色阶"面板中的参数，将图片变得更加清晰。

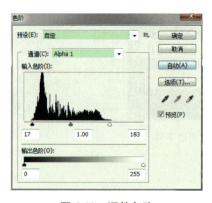

图 4-60　调整色阶

图 4-61　设置参数

（10）执行"滤镜/纹理/颗粒"命令，在弹出的"颗粒"对话框中设置参数，如图 4-61 所示。

（11）按住 Ctrl 键，同时点击"通道"面板中"Alpha1"通道缩略图，从而载入选区，如图 4-62 所示。

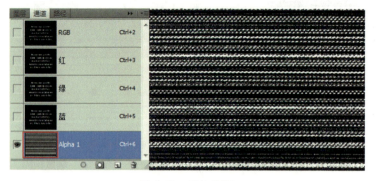

图 4-62　载入选区

(12) 选中"图层"面板中的"文字"图层,然后点击"图层"面板下方的"增加图层蒙版"按钮,生成图层蒙版,如图 4-63 所示。

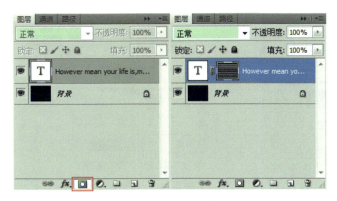

图 4-63　生成图层蒙版

(13) 按 Ctrl+J 快捷键复制图层,并选中图像的蒙版缩略图,如图 4-64 所示。

图 4-64　复制图层　　　　图 4-65　反向显示

(14) 按 Ctrl+I 快捷键,反向显示图层蒙版的颜色,颠倒(13)中的显示区域和覆盖区域,如图 4-65 所示。

(15) 在"图层"面板中,选中第二个图层再点击"图层蒙版链接到图层"按钮,取消图层和蒙版的一致变化。

(16) 连续按键盘上的向左键"←"2~3 次,从而调整文字对象的位置,效果如图 4-66 所示。

图 4-66　效果图

（17）选中"图层"面板中的第一个图层，然后在"字符"面板中设置字体的颜色，如图 4-67 所示。

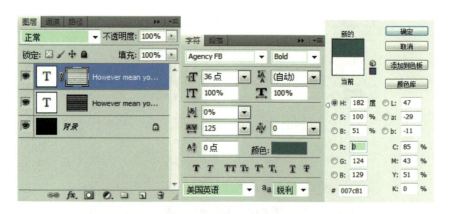

图 4-67　设置字体颜色

（18）按 Ctrl＋J 快捷键复制图层，并选中图像的蒙版缩略图，然后右击鼠标，在弹出的快捷菜单中选择"删除图层蒙版"，如图 4-68 所示。

图 4-68　删除图层蒙版

（19）执行"文件/置入"命令，将下载资料文件夹中的"项目实训二\素材\蒙版".jpg 文件置入图层中，如图 4-69 所示，点击"置入"按钮。

（20）打开"图层"面板，右击"蒙版"图层，在弹出的快捷菜单中选择"栅格化图层"，如图 4-70 所示。在"蒙版"图层，选择"红"通道，右击鼠标，在弹出的快捷菜单中选择"复制通道"，然后在弹出的面板中，点击"确定。"最后将该通道命名为"Alpha 2"，如图 4-71 所示。

图 4-69 置入文件

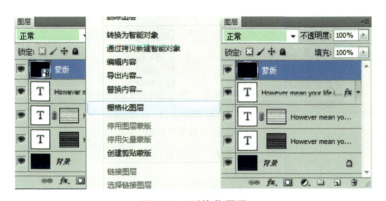

图 4-70 删格化图层

(a) 复制　　　　　　　　　(b) 重命名

图 4-71 复制通道

(21) 按住 Ctrl 键,同时点击"蒙版"图层的缩略图,从而载入选区。按 Ctrl+C 快捷键复制对象,并点击"通道"面板下方的"创建新通道"按钮,最后按 Ctrl+V 快捷键粘贴,如图 4-72 所示。

(22) 选中"图层"面板中的第二个"文字"图层。点击"图层"面板下方的"增加图层蒙版"按钮,生成图层蒙版,如图 4-73(a)所示。

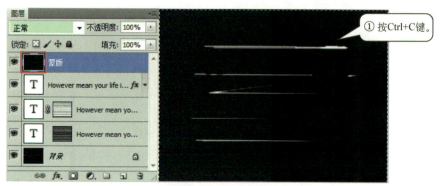

(a) 载入选区并复制对象

(b) 创建通道并粘贴

图 4-72　创建新通道

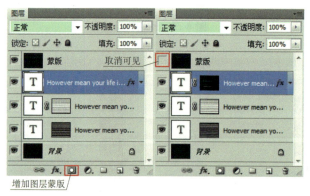

(a) 增加图层蒙版　　　　　　(b) 取消可见

图 4-73　生成图层蒙版并取消可见

(23) 取消"蒙版"图层的可见性按钮，如图 4-73(b) 所示。

(24) 选中"图层"面板中的第四个图层，并将它的图层混合模式更改为"叠加"，如图 4-74 所示。

(25) 选中第 2 个"文字"图层，再点击"图层"面板下方的"创建新的图层样式"按钮，在弹出的"图层样式"对话框中选择"投影"特效，并如图 4-75 所示进行参数设置。

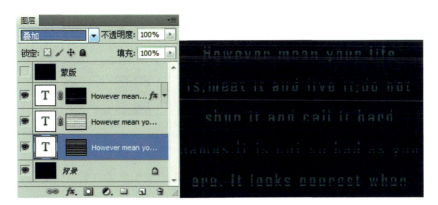

图 4-74 选中图层并更改

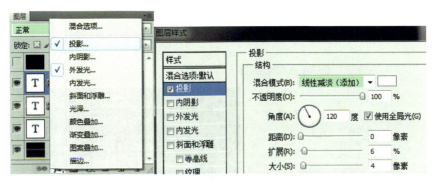

图 4-75 设置参数

(26)点击"图层"面板下方的"创建新的图层样式"按钮,在弹出的"图层样式"对话框中选择"外发光"特效,并如图 4-76 所示进行参数设置。

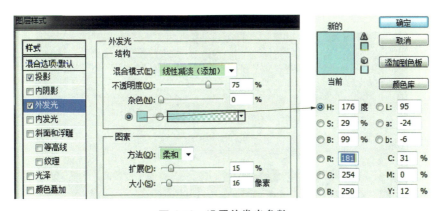

图 4-76 设置外发光参数

(27)点击工具箱中的"渐变"按钮,在状态栏中选择"可编辑渐变",并将"渐变模式"更改为"径向渐变",在弹出的"渐变编辑器"对话框中设置渐变颜色,如图 4-77 所示。

(28)在"图层"面板中,先选中"背景"图层,然后在操作界面中绘制渐变效果,最终效果如图 4-78(c)所示。

(29)最后按 Ctrl+S 快捷键,保存 PS 文档。

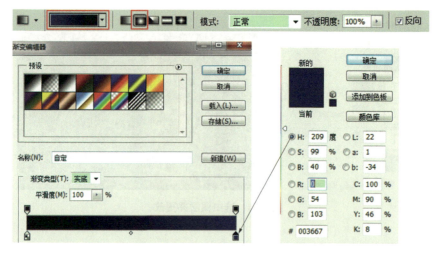

图 4-77　设置渐变颜色

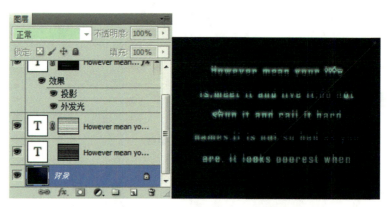

（a）选中"背景"图层　　　　　（b）绘制渐变效果

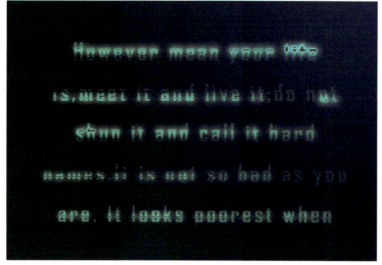

（c）效果图

图 4-78　最终效果

项目评价

项目实训评价表

	内容		评价			
	学习目标	评价项目	4	3	2	1
职业能力	能熟练掌握Photoshop的使用方法	熟练使用"通道"面板				
	能熟练掌握AI的使用方法	熟练使用"钢笔"工具				
		熟练使用"画笔"面板				
		熟练使用"画笔库"				
通用能力	交流表达能力					
	与人合作能力					
	沟通能力					
	组织能力					
	活动能力					
	解决问题的能力					
	自我提高的能力					
	创新的能力					
综合能力						

项目五　霓虹灯效果的制作

通过本项目的实践,同学们利用 Illustrator 能够熟练地使用"字体"工具创建两个字体,并能使用"描边"工具更改字体轮廓的粗细,应用"扩展"命令将字体转化为路径。然后能利用 Photoshop 软件,使用其中的"图层样式"增加各种绚丽的效果,使霓虹灯字体表现得更加完美,最终效果如图 5-1 所示。

图 5-1　最终效果

技能要求

Illustrator CS5	Photoshop CS5
● 描边和填充面板	● 色彩/饱和度命令
● 对象扩展命令	● 图层样式面板

任务一　在 Illustrator 中制作文字素材

(1) 启动 Illustrator,新建一个文档,如图 5-2 所示。

图 5-2　新建文档

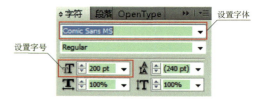

图 5-3　设置参数

(2) 打开"字符"面板,如图 5-3 所示设置参数。

(3) 点击工具箱中的"文字"工具,然后在操作界面中输入文字"ROCK",如图 5-4 所示。

(4) 将(3)中创建的文字全部选中,同时按住 Alt 键,鼠标向上拖动进行复制,如图 5-5 所示。

图 5-4 输入文字

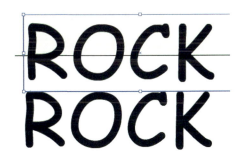

图 5-5 复制对象

（5）选中下方的文字，双击工具箱中的"填色"按钮，在弹出的"拾色器"对话框中如图 5-6 所示输入 HSB 参数。

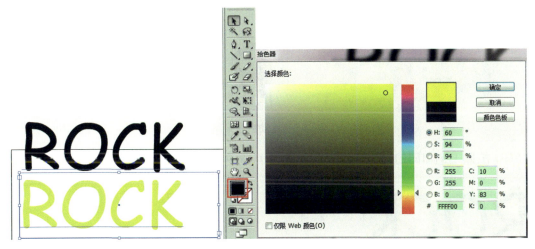

图 5-6 设置参数 1

（6）双击工具箱中的"描边"按钮，在弹出的"拾色器"对话框中如图 5-7 所示输入 HSB 参数。

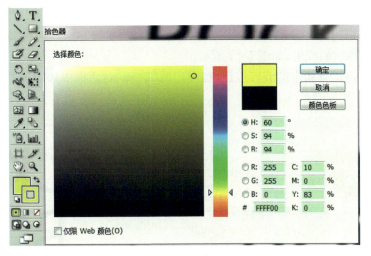

图 5-7 设置参数 2

(7) 打开"描边"面板,如图 5-8(a)所示设置参数,效果如图 5-8(b)所示。

(a) 设置参数 3　　　　　　　　　　(b) 效果图

图 5-8　设置粗细参数

(8) 选择(4)中复制后的文字,鼠标向下拖动,效果如图 5-9 所示,使两组文字重合。

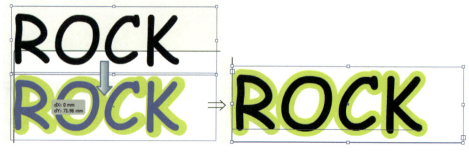

图 5-9　移动后效果图

(9) 按照上述相同的操作步骤制作如图 5-10 所示的"ROLL"字体。

图 5-10　创建新字体

图 5-11　转化为轮廓并成组

(10) 选中有描边的"Rock"和"Roll"字体,执行"对象/扩展"命令将它们转化为轮廓,再按 Ctrl+G 快捷键,将它们成组,如图 5-11 所示。

(11) 鼠标双击工具箱中的旋转按钮,在弹出的"旋转"对话框中如图 5-12 所示输入数值,从而旋转字体,如图 5-13 所示。

图 5-12　旋转字体

图 5-13　效果图

(12) 按 Ctrl+S 快捷键,保存文档。

任务二　在 PS 中制作墙体背景效果

(1) 启动 Photoshop,新建一个文档,如图 5-14 所示设置参数。

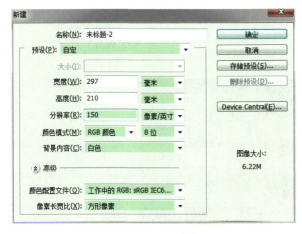

图 5-14　设置参数　　　　　　　图 5-15　置入文件并缩放

(2) 执行"文件/置入"命令,在弹出的"置入"对话框中选择下载资料文件夹中的"项目六\素材\墙体.jpg 文件,点击"置入"按钮。在操作界面出现的矩形调整框中,将光标放在任意一个锚点上,同时按住 Shift 键等比例缩放对象大小,点击回车键确定,效果如图 5-15 所示。

(3) 点击图层面板下方的"创建新的填充和调整图层"按钮,在弹出的快捷菜单中选择"色相/饱和度"命令。

(4) 在弹出的"调整"面板中,如图 5-16 所示设置饱和度和明度的参数。

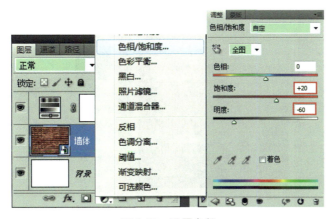

图 5-16　设置参数

(5) 打开任务一中创建的 AI 文件,框选黄色文字。按 Ctrl+C 快捷键进行复制,再打开

(3)中创建的 PS 文档,按 Ctrl+V 快捷键进行粘贴,在弹出的"粘贴"对话框中,选择"像素",点击"确定"按钮,最后按回车键,如图 5-17 所示。

(a)选中黄色文字

(b)选择"像素"

(c)效果图

图 5-17 复制并粘贴

(6)按住 Ctrl 键,同时点击"图层"面板中"图层 1"的缩略图,从而载入选区。

(7)鼠标双击工具箱中的"前景色"按钮,在弹出的"拾色器(前景色)"对话框中,如图 5-18 所示设置参数。

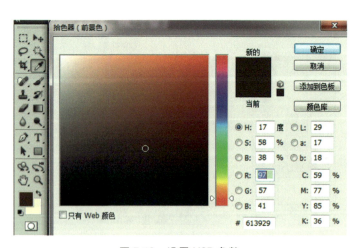

图 5-18 设置 HSB 参数

(8) 按 Shift+F5 快捷键,在弹出的"填充"对话框中,如图 5-19 所示选择"前景色"命令,点击"确定"按钮。

(9) 按 Ctrl+D 快捷键,取消选区。

图 5-19 选择前景色

(10) 点击"图层"面板下方的"增加图层样式"按钮,在弹出的快捷菜单中选择"投影",如图 5-20(a)所示设置参数,此时效果如图 5-20(b)所示。

(a) 设置参数　　　　　　　　　　　　(b) 效果图

图 5-20 设置"投影"效果

(11) 在弹出的"图层样式"对话框中,勾选"外发光"选项,然后在右侧的"外发光"面板中如图 5-21(a)所示进行参数设置,此时字体会产生背光的效果,如图 5-21(b)所示。

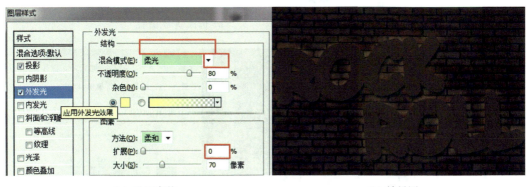

(a) 设置参数　　　　　　　　　　　　(b) 效果图

图 5-21 背光效果

（12）在弹出的"图层样式"对话框中，继续勾选"内发光"选项，然后在右侧的面板中如图 5-22 所示进行参数设置，从而使字体产生厚度，点击"确定"按钮，效果如图 5-23 所示。

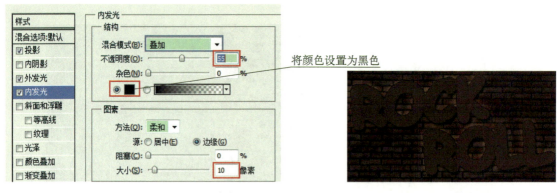

图 5-22　设置参数　　　　　　　　　　图 5-23　最终效果

任务三　制作文字灯管效果

（1）打开任务一中的 AI 文件，框选黑色的文字。按 Ctrl＋C 快捷键进行复制，再打开任务二(3)中创建的 PS 文档，按 Ctrl＋V 快捷键进行粘贴，在弹出的"粘贴"对话框中，选择"形状图层"，点击"确定"按钮，最后按回车键，如图 5-24 所示。

(a) 选中黑色字体　　　　　　　(b) 选择"形状图层"

(c) 效果图

图 5-24　复制并粘贴

62　项目五　霓虹灯效果的制作

（2）双击图层缩览图，在弹出的"拾取实色"对话框中，如图 5-25 所示设置参数，从而更改字体颜色。

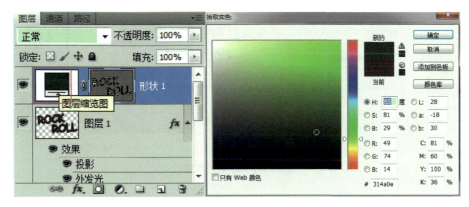

图 5-25　更改字体颜色

（3）点击"图层"面板下方的"新建图层样式"按钮，在弹出的快捷菜单中选择"投影"，如图 5-26 所示进行参数设置，制作出灯光投射的效果。

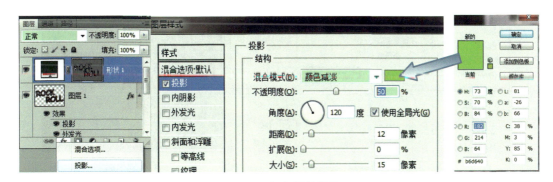

图 5-26　灯光投射效果

（4）在"图层"面板中，按 Ctrl＋J 快捷键来复制一个"形状 1"的副本图层，再点击"形状 1"图层左侧的"显示图层可见性"按钮，取消可见性，如图 5-27 所示。

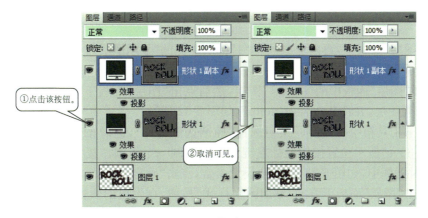

图 5-27　取消可见

(5) 点击"图层"面板下方的"新建图层样式"按钮,在弹出的快捷菜单中选择"投影",如图 5-28 所示进行参数设置,制作出灯光的光晕感。

(a) 设置参数　　　　　　　　　　　(b) 效果图

图 5-28　制作光晕感

(6) 在弹出"图层样式"对话框中,勾选"外发光"选项,然后在右侧的面板中如图 5-29(a) 所示设置参数,效果如图 5-29(b)所示。

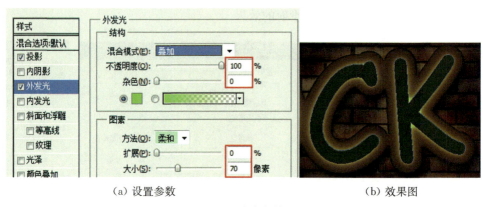

(a) 设置参数　　　　　　　　　　　(b) 效果图

图 5-29　外发光效果

(7) 继续勾选"内发光"选项,然后在右侧的面板中如图 5-30(a)所示设置参数。点击"可编辑渐变"按钮,在弹出的"渐变编辑器"对话框中,分别双击左、中、右三个位置的色块。在分别弹出的三个"拾色器"对话框中,如图 5-30(a)所示输入参数,更改颜色。效果如图 5-30(b) 所示。

(8) 在"图层"面板中,再次点击"形状1"图层左侧的"显示图层可见性"按钮,使图层显现,如图 5-31 所示。

(9) 选择"图层"面板中的"图层1"图层,然后点击"图层"面板下方的"创建新的图层"按钮,创建一个新图层,并将其命名为"point",如图 5-32 所示。

(10) 点击工具箱中的"选框"按钮选择"椭圆选框工具",同时按住 Shift 键,在操作界面中,在如图 5-33(a)所示位置按住鼠标左键并拖拽绘制一个正圆。按 Shift+F5 快捷键,在弹出的"填充"对话框中,如图 5-33(b)所示设置参数,点击"确定"按钮完成操作。

(11) 点击"图层"面板下方的"增加图层样式"按钮,在弹出的快捷菜单中选择"斜面和浮雕",然后在弹出的"图层样式"对话框中,如图 5-34 所示进行参数设置。

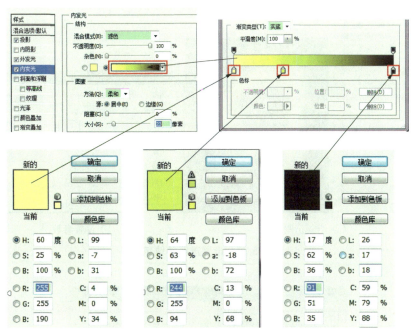

(a) 更改颜色

(b) 效果图

图 5-30　内发光效果

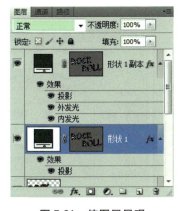

图 5-31　使图层显现

图 5-32　创建新图层

(a)绘制正圆　　　　　　　　　　(b)设置参数

图 5-33　设置选区并填色

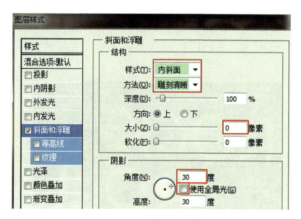

图 5-34　设置参数 1

(12)继续勾选"投影"选项,如图 5-35(a)所示进行参数设置。勾选"内发光"选项,如图 5-35(b)所示设置参数。选择"混合选项:自定"选项,并在右侧的面板中,将"填充不透明度"设置为"0",如图 5-35(c)所示。

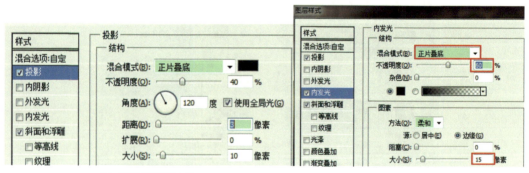

(a)设置"投影"参数　　　　　　　　　(b)设置"内发光"参数

(c) 设置不透明度

图 5-35　设置参数 2

(13) 按 Alt 键,选中黑色的圆点对象,鼠标向外拖动对其进行复制。不断地复制,并将对象调整到适当的位置,最终效果如图 5-1 所示。

(14) 按 Ctrl＋S 快捷键,保存文档。

知识点与技能

1. 描边和填充面板

Illustrator CS5 中的图形对象由描边和填充两部分组成。描边指的是包围图形对象的路径线条,填充指的是图形对象中包含的颜色和图案。

(1) 描边的设置

默认情况下,所绘制的图形的描边为实线,想要以虚线方式表现,可以通过"描边"面板创建出各种虚线,如图 5-36 所示。具体步骤如下:

① 执行"窗口/描边"命令,打开"描边"面板。

② 在"粗细"下拉列表中选择一个描边宽度,并选中"虚线"复选框。

③ 在"虚线"和"间隙"文本框中,分别输入线段和间隙的数值。

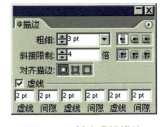

图 5-36　创建虚线描边

Illustrator CS5 中,对齐描边是用于设置图形对象的描边沿图形轮廓基线对齐的方式。在"描边"面板中有 3 种对齐描边方式,即"使描边居中对齐"、"使描边内侧对齐"和"使描边外侧对齐",单击不同的对齐方式按钮即可得到不同的描边效果,如图 5-37 所示。

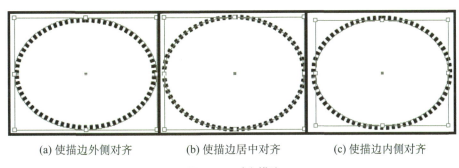

(a) 使描边外侧对齐　　　　(b) 使描边居中对齐　　　　(c) 使描边内侧对齐

图 5-37　对齐描边

（2）颜色填充

在 Illustrator CS5 中，不仅可以使用"颜色"面板设置填充和描边的颜色，还可以使用"色板"面板进行设置。默认情况下，"色板"面板显示的是 CMYK 颜色模式的颜色、颜色图案和渐变颜色等色板。

2. 扩展对象

扩展对象可用来将单一对象分割成若干个对象，这些分割出的对象共同组成其外观。如果扩展一个简单对象，例如一个具有实色填色和描边的圆，那么，填色和描边就会变为该圆的离散对象。如果扩展更加复杂的图稿，例如具有图案填充的对象，则图案会被分割成各种截然不同的路径，而所有这些路径组合在一起，就是创建这一填充图案的路径。图 5-38 所示为具有填色和描边的对象在扩展前后的外观。

(a) 扩展前

(b) 扩展后

图 5-38　扩展对象

通常，当你想要修改对象的外观属性及其中特定图素的其他属性时，就需要扩展对象。此外，当你想在其他应用程序中使用 Illustrator 自有的对象（如：网格对象），而该应用程序又不能识别该对象时，扩展对象也可能派上用场。

3. 色相/饱和度

使用色相/饱和度，可以调整图像中特定颜色范围的色相、饱和度及亮度，或者同时调整图像中的所有颜色。这种调整尤其适用于微调 CMYK 图像中的颜色，以便它们处在输出设备的色域内。

色相/饱和度调整的具体步骤如下：

① 执行下列操作之一：
- 单击"调整"面板中的"色相/饱和度"图标 ▇。
- 单击"调整"面板中的"色相/饱和度"预设。
- 执行"图层/新建调整图层/色相/饱和度"命令，在弹出的"新建图层"对话框中单击"确定"按钮。

注：也可以执行"图像/调整/色相/饱和度"命令。但是，请记住，该方法对图像图层进行直接调整并扔掉图像信息。

② 在"调整"面板中，从图像调整工具 ▇ 右侧的菜单进行选择：
- 选取"全图"可以一次调整所有颜色。
- 为要调整的颜色选取列出的其他一个预设颜色范围。
- 对于"色相"，输入一个值或拖移滑块，直至对颜色满意为止。
- 对于"饱和度"，输入一个值，或将滑块向右拖移增加饱和度，向左拖移减少饱和度。
- 颜色将变得远离或靠近色轮的中心。值的范围可以是－100（饱和度减少的百分比，使颜色变暗）到＋100（饱和度增加的百分比）。
- 对于"明度"，输入一个值，或者向右拖动滑块以增加亮度（向颜色中增加白色）或向左拖动以降低亮度（向颜色中增加黑色）。值的范围可以是－100（黑色的百分比）到＋100（白色的百分比）。

注：单击"复位"按钮 ↺ 可以在"调整"面板或"属性"面板中还原色相/饱和度设置。

4. 图层效果和样式

Photoshop 提供了各种效果（如：阴影、发光和斜面）来更改图层内容的外观。图层效果与图层内容链接，当移动或编辑图层内容时，修改的内容中会应用相同的效果。例如，对文本图层应用投影并添加新的文本，则将自动为新文本添加阴影。

图层样式是应用于一个图层或图层组的一种或多种效果。可以应用 Photoshop 自带的某种预设样式，或者使用"图层样式"对话框来自定义样式。存储自定义样式时，该样式成为预设样式，会出现在"样式"面板中，只需单击一次便可将其应用于图层或组。

"图层样式"对话框中的选项具有以下功能：

可以使用以下一种或多种效果创建自定义图层样式：

- 投影：在图层内容的后面添加阴影。
- 内阴影：紧靠在图层内容的边缘内添加阴影，使图层具有凹陷外观。
- 外发光和内发光：添加从图层内容的外边缘或内边缘发光的效果。
- 斜面和浮雕：对图层添加高光与阴影的各种组合。
- 光泽：应用创建光滑光泽的内部阴影。
- 颜色、渐变和图案叠加：用颜色、渐变或图案填充图层内容。
- 描边：使用颜色、渐变或图案在当前图层上描画对象的轮廓。它对于硬边形状（如文字）特别有用。

注：不能将图层样式应用于背景图层、锁定的图层或组。要将图层样式应用于背景图层，请先将该图层转换为常规图层。

项目实训三　制作灯泡字体效果

（1）启动 Illustrator，新建一个文档，如图 5-39 所示。

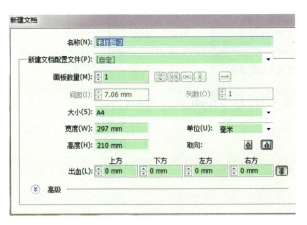

图 5-39　新建文档

图 5-40　设置参数

图 5-41　输入文字

（2）打开"字符"面板，如图 5-40 所示设置参数。

（3）点击工具箱中的"文字"按钮，在操作界面中输入文字"ROCK"，如图 5-41 所示。

（4）对（3）中文字进行复制，选中下方的复制对象，双击工具箱中的"填色"按钮，在弹出的"拾色器"对话框中输入 HSB 参数，如图 5-42 所示。

图 5-42　复制并输入参数

（5）双击工具箱中的"描边"按钮，在弹出的"拾色器"对话框中输入 HSB 参数，如图 5-43 所示。

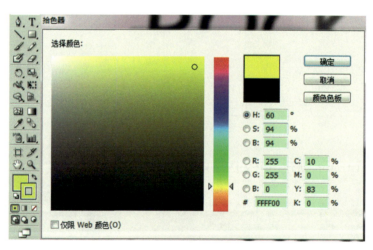

图 5-43　输入 HSB 参数

（6）打开"描边"面板，在"粗细"选项框中输入"30 pt"，如图 5-44 所示。

图 5-44　设置参数

（7）按照上述相同的操作步骤制作另一个字体"ROLL"，如图 5-45 所示。

图 5-45　制作新字体　　　　　　　　　　　图 5-46　绘制路径

（8）点击工具箱中的"钢笔"按钮，在操作界面中沿着字母的形状，大致绘制出文字的路径，效果如图 5-46 所示。

（9）选择所有的路径，然后在"描边"面板中，将"粗细"设置为"16 pt"，其余参数设置如图 5-47 所示。按 Ctrl＋S 快捷键，保存 AI 文档。

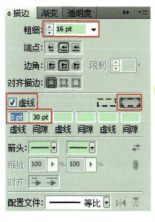
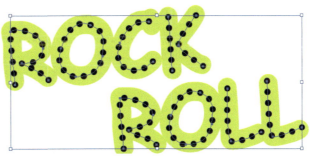

(a) 参数设置　　　　　　　　　　　　　(b) 效果图

图 5-47　设置描边参数

（10）启动 Photoshop，新建一个文档。

（11）执行"文件/置入"命令，在弹出的"置入"对话框中选择下载资料文件夹中的"项目六\素材\墙体.jpg"文件。在操作界面出现的矩形调整框中，将光标放在任意一个锚点上，同时按住 Shift 键等比例缩放对象大小，点击回车键确定。

（12）点击"图层"面板下方的"创建新的填充和调整图层"按钮，在弹出的快捷菜单中选择"色相/饱和度"命令。

（13）在弹出的"调整"面板中，如图 5-48 所示设置饱和度与明度的参数。

（14）打开操作步骤（9）中创建的 AI 文件，框选黄色的文字。按 Ctrl＋C 快捷键进行复制，再打开 PS 文档，按 Ctrl＋V 快捷键进行粘贴，在弹出的"粘贴"对话框中，选择"像素"，点击"确定"按钮，最后按回车键，完成底板的制作。

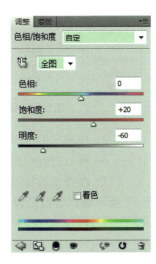

图 5-48　设置参数

（15）按住 Ctrl 键，同时点击"图层"面板中"图层 1"的缩略图，从而载入选区。

（16）鼠标双击工具箱中的"前景色"按钮，在弹出的"拾色器（前景色）"对话框中，如图 5-49 所示设置参数。

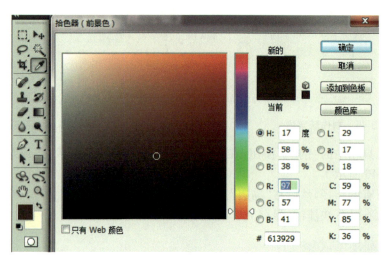

图 5-49　设置 HSB 参数

（17）按 Shift＋F5 快捷键，在弹出的"填充"对话框中，选择"前景色"命令，点击"确定"按钮，完成底板颜色的更改。

（18）按 Ctrl＋D 快捷键，取消选区。

（19）点击"图层"面板下方的"增加图层样式"按钮，在弹出的快捷菜单中选择"投影"，如图 5-50 所示设置参数。

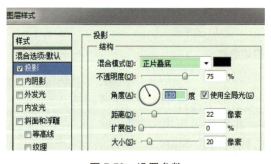

图 5-50　设置参数

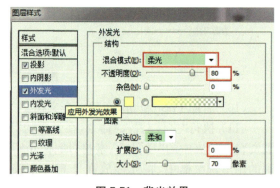

图 5-51　背光效果

（20）在弹出的"图层样式"对话框中，勾选"外发光"选项，然后在右侧的"外发光"面板中如图 5-51 所示进行参数设置，此时字体会产生背光的效果。

（21）在弹出的"图层样式"对话框中，继续勾选"内发光"选项，然后在右侧的面板中如图 5-52 所示进行参数设置，从而使字体产生厚度，点击"确定"按钮。

（22）打开 AI 文件，选中圆点字体，按 Ctrl＋C 快捷键进行复制，再回到 PS 文档，按 Ctrl＋V 快捷键进行粘贴，在弹出的"粘贴"对话框中，选择"像素"，点击"确定"按钮，最后按回车键，完成文字灯炮的制作。

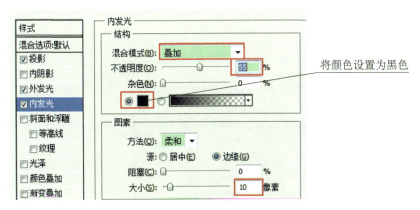

图 5-52 使字体产生厚度

（23）点击"图层"面板下方的"新建图层样式"按钮，在弹出的快捷菜单中选择"颜色叠加"，如图 5-53 所示进行参数设置，制作灯光的颜色。

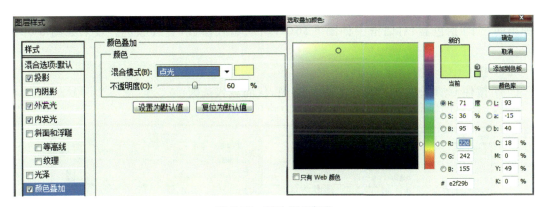

图 5-53 制作灯光颜色

（24）点击"图层"面板下方的"新建图层样式"按钮，在弹出的快捷菜单中选择"投影"，如图 5-54 所示进行参数设置，制作灯光投射的效果。

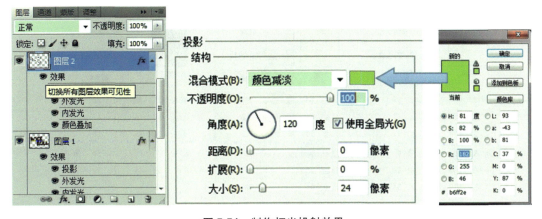

图 5-54 制作灯光投射效果

(25) 在弹出的"图层样式"对话框中,勾选"外发光"选项,然后在右侧的面板中如图 5-55 所示设置参数。

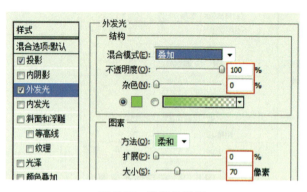

图 5-55　外发光效果

(26) 继续勾选"内发光"选项,然后在右侧的面板中如图 5-56(a)所示设置参数。点击"可编辑渐变"按钮,在弹出的"渐变编辑器"对话框中,分别双击左、中、右三个位置的色块。在分别弹出的三个"拾色器"对话框中如图 5-56(a)所示输入参数,更改颜色。效果如图 5-56(b)所示。

(27) 按 Ctrl+J 快捷键,复制"图层 2"。

(28) 按住 Ctrl 键,点击"图层 2"的缩略图,从而载入选区。

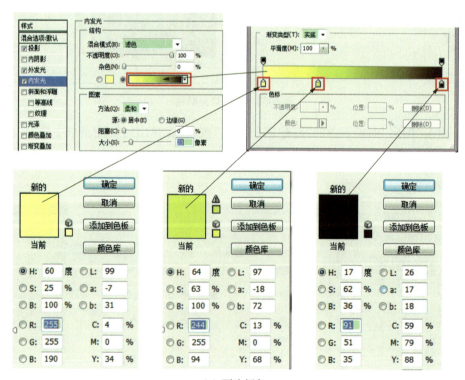

(a) 更改颜色

(b) 效果图

图 5-56 内发光效果

（29）选中"图层 1"，并点击"图层"面板下方的"新建图层"按钮，创建一个新图层，如图 5-57 所示，作为灯炮的投影。

图 5-57 创建新图层　　　　　　　　　图 5-58 效果图

（30）按 Shift+F5 快捷键，在弹出的"填充"对话框中，选择"黑色"，然后点击"确定"按钮，按 Ctrl+D 快捷键取消选区。

（31）点击工具箱中的"移动"按钮，选择"图层 3"图层，移动对象，效果如图 5-58 所示。

（32）执行"滤镜/模糊/高斯模糊"命令，在弹出的"方框模糊"对话框中，如图 5-59 所示设置参数。

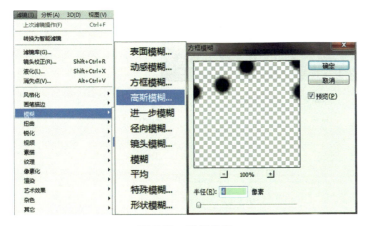

图 5-59 设置参数　　　　　　　　　图 5-60 设置不透明度参数

(33) 选择"图层"面板中"图层 3",如图 5-60 所示设置透明度的参数。

(34) 在"图层"面板中,选择"图层 1"图层,点击"图层"面板下方的"创建图层样式"按钮,在弹出的"图层样式"对话框中,选择"渐变叠加"如图 5-61 所示进行参数设置,最终效果如图 5-62 所示。

(35) 按 Ctrl+S 快捷键,保存文档。

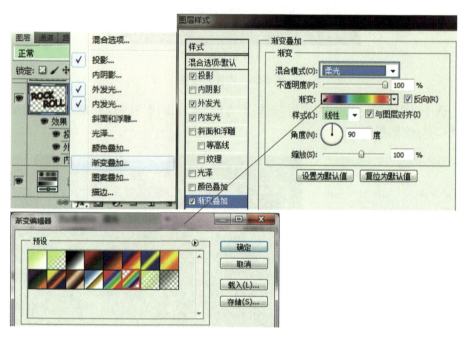

图 5-61　设置渐变叠加参数

图 5-62　最终效果

项目评价

项目实训评价表

	内容		评价			
	学习目标	评价项目	4	3	2	1
职业能力	能熟练掌握Photoshop的使用方法	熟练使用"图层样式"特效				
		熟练使用色彩饱和度命令				
	能熟练掌握AI的使用方法	熟练使用"描边和填充"面板				
		熟练使用"扩展"命令				
通用能力	交流表达能力					
	与人合作能力					
	沟通能力					
	组织能力					
	活动能力					
	解决问题的能力					
	自我提高的能力					
	创新能力					
	综合能力					

广告设计篇

项目六 化妆品广告

广告在宣传产品时能起到举足轻重的作用。众多厂商和企业希望通过广告来宣传自己的产品，从而推广品牌，促进消费。通过本项目的实践，同学们利用 Illustrator 能够熟练地完成剪影的绘制，然后利用 Photoshop 中的"滤镜"、"渐变"等工具增加效果。最终效果如图 6-1 所示。

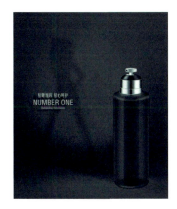

图 6-1 最终效果

技能要求

Illustrator CS5	Photoshop CS5
● 钢笔工具	● 选取修改 ● 图层混合模式 ● 曲线调整 ● 径向模糊

任务一 素材准备并放置在适当位置

（1）启动 Illustrator，按 Ctrl＋N 快捷键新建一个文档，并如图 6-2 所示调整宽度和高度的参数。

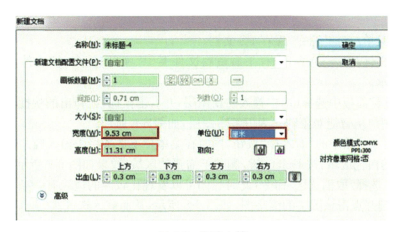

图 6-2 新建文档

(2) 点击工具箱中的"钢笔工具"按钮,在操作界面中绘制出女性的背影形象,然后在"外观"面板中如图 6-3 所示设置参数,最后在操作界面中如图 6-3 所示绘制剪影。

图 6-3 绘制图像

(3) 执行"文件/存储"命令,保存文件。

(4) 启动 Photoshop,按 Ctrl+N 快捷键,新建一个 PS 文档。打开之前创建的 AI 文件,选中剪影并按 Ctrl+C 快捷键进行复制,回到 PS 中按 Ctrl+V 快捷键进行粘贴,在弹出的"粘贴"对话框中选择"智能图像",点击"确定"按钮,最后按回车键。

(5) 按 Ctrl+T 快捷键,使用"自由变形"命令,然后在操作界面中调整剪影的大小和位置,如图 6-4 所示。

   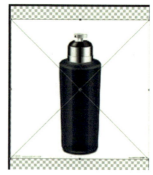

图 6-4 调整剪影   图 6-5 置入图层

(6) 执行"菜单/存储"命令,保存 PS 文档。

(7) 执行"文件/置入"命令,选择下载资料文件夹中"项目七\素材"文件,点击"置入"按钮,如图 6-5 所示。

(8) 在"图层"面板中选择(7)中置入的新图层,并右击鼠标,在弹出的快捷菜单中选择"栅格化图层",使图层从智能对象转化为可编辑图层,如图 6-6 所示。

(9) 点击在工具箱中的"魔术棒"按钮,同时在菜单栏下选项栏中输入容差值为 12,然后点击操作界面中的白色区域,按 Delete 键,删除不需要的区域,效果如图 6-7 所示。

(10) 执行"选择/取消选区"命令,此时我们可以发现化妆瓶的边缘有一条白色的"细线"。接着按住 Ctrl 键并点击该图层的缩略图,如图 6-8 所示,从而载入选区。

(11) 执行"选择/修改/收缩"命令,在弹出的"收缩选区"对话框中如图 6-9 所示输入参数。

(12) 执行"选择/反向"命令,进行选区反选,按 Delete 键,完成操作,如图 6-10 所示。

图 6-6　转化图层

图 6-7　效果图

图 6-8　再次选中化妆瓶

图 6-9　输入参数

图 6-10　选区反选

(13) 选择"瓶子"图层,按 Ctrl+T 快捷键来自由缩放化妆瓶,然后右击鼠标,在弹出的快捷菜单中选择"透视",光标放在"矩形调整框"右下端的锚点上,并向内移动收缩最后按回车键调整化妆瓶的透视比例。最后点击工具箱中的"移动"按钮,调整化妆瓶的位置,如图 6-11 所示。

图 6-11 调整化妆瓶

(14) 点击工具箱中的"钢笔"按钮,如图 6-12(a)所示绘制一条路径,按 Ctrl+Enter 快捷键,将该路径转化为选区,最后按 Delete 键删除不需要的部分,如图 6-12(c)所示。

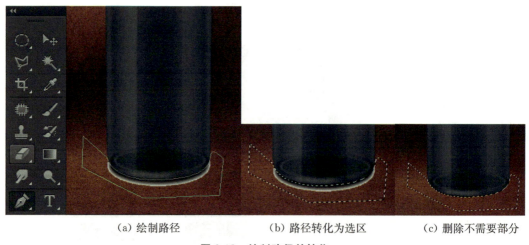

(a) 绘制路径　　　　　(b) 路径转化为选区　　　　(c) 删除不需要部分

图 6-12 绘制路径并转化

(15) 执行"文件/置入"命令,选择下载资料文件夹中"项目七\素材\1 shadow_start.jpg"文件,点击"置入"按钮完成操作,如图 6-13 所示。

(16) 在"图层"面板中,选中新图层,并将其拖至底层,如图 6-14 所示调整图层的位置。

图 6-13 置入图片

图 6-14 调整图层位置

任务二 创建地板面和表现墙壁上的点光

（1）如图 6-15 所示选中"1 shadow_start"图层并将其拖至"新建图层"按钮上。

（2）双击新复制的图层的名称位置，将其名称更改为"bottom"，如图 6-16 所示。

（3）按"Ctrl＋T"快捷键进行自由变形，从而调整图层的形状大小，如图 6-17 所示。

（4）右击鼠标，在弹出的快捷菜单中选择"透视"，将鼠标光标放在右上端的锚点上并向左侧拖动，进行调整，最后按回车键，如图 6-18 所示。

（5）在打开的"图层"面板中，选中最底下的图层，将其命名为"background"。接着点击"图层"面板下方的"创建新的填充或调整图层"按钮，在弹出的快捷菜单中选择"曲线"，如图 6-19 所示输入相应参数。

图 6-15 复制图层

图 6-16 更改图层名称

图 6-17 调整图层 1

图 6-18 调整图层 2

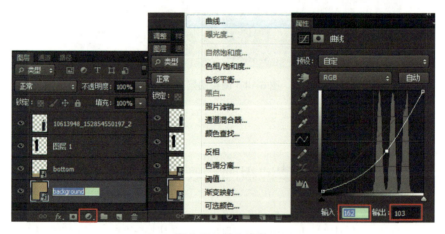
图 6-19 输入参数

（6）在"图层"面板中，将混合模式更改为"颜色加深"，创建较深的背景，如图 6-20 所示。

（7）将"曲线 1"图层拖至"图层"面板下方的"新建图层"按钮上，进行图层复制，如图 6-21 所示；再将"曲线 1 副本"图层的混合模式更改为"正常"，如图 6-21(b)所示；然后如图 6-21(c)所示在"属性"面板中输入相应参数。

（8）选中"曲线 1 副本"图层的图层蒙版，点击工具箱中的"选框工具"按钮，选择"椭圆选区工具"，然后在蒙版上绘制一个圆，如图 6-22 所示。

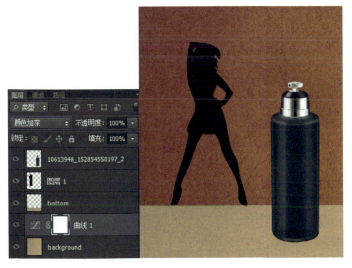

图 6-20 更改混合模式

（a）复制图层

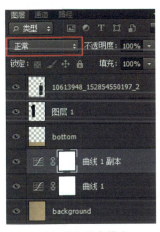
（b）更改混合模式

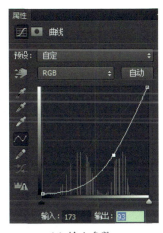
（c）输入参数

图 6-21 新建图层

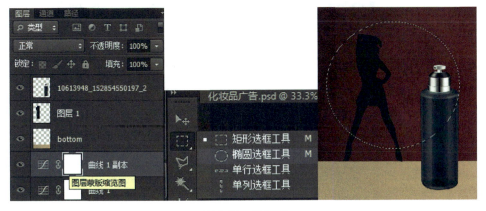

图 6-22 绘制图

(9) 执行"编辑/填充"命令,在弹出的"填充"对话框中,如图 6-23 所示设置参数,点击"确定"按钮,按 Ctrl+D 快捷键取消选区。

(10) 执行"滤镜/模糊/径向模糊"命令,在弹出的"径向模糊"对话框中,如图 6-24(a)所示设置相应参数,并将"中心模糊"移至箭头位置,点击"确定"按钮。较近的阴影部分清晰,较远的阴影部分模糊,如图 6-24(b)所示。

图 6-23 设置参数

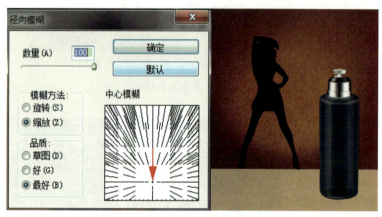

(a) 设置参数　　　　　　(b) 阴影效果

图 6-24 设置径向模糊参数

(11) 执行"滤镜/模糊/高斯模糊"命令,如图 6-25(a)所示设置参数,使阴影变得更加柔和。

(a) 设置参数　　　　　　(b) 效果图

图 6-25 高斯模糊

(12) 将"曲线 1 副本"图层拖至"图层"面板下方的"新建图层"按钮上,进行复制。选中"曲线 1 副本 2"层图的蒙版,如图 6-26 所示。

(13) 点击工具箱中的"渐变"按钮,在菜单栏下的选项板中点击"可编辑渐变"旁的下拉三角键,在弹出的面板中选中黑白渐变,最后在操作界面中从上至下绘制一条线,如图 6-27 所示。

图 6-26　新建图层并选中蒙版

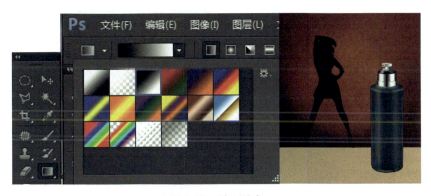

图 6-27　绘制线条

任务三　制作地板效果和设置文字

（1）按住 Shift 键，选中如图 6-28(a)所示三个曲线图层；再按住 Alt 键，将选中的三个图层拖至"bottom"图层上方，从而复制图层。

（2）选中"曲线 1 副本 3"的图层蒙版，然后点击工具箱中的"渐变"按钮，在操作界面中从下至上绘制一条线，从而形成新的渐变，如图 6-29 所示。

（3）选中"曲线 1 副本 4"的图层蒙版，按 Shift+F5 快捷键，在弹出的"填充"对话框中，如图 6-30(a)所示设置参数。点击工具箱中的"选区"按钮，然后在操作界面中绘制一个圆，如图 6-30(b)所示。

（4）按 Shift+F5 快捷键，如图 6-31 所示对选区进行填充，按 Ctrl+D 取消选区。

（5）执行"滤镜/模糊/径向模糊"命令，如图 6-32(a)所示进行设置，再执行"滤镜/模糊/高斯模糊"命令，如图 6-32(b)所示设置参数。

(a)选中图层　　　　(b)复制图层　　　　(c)效果图

图 6-28　选中图层并复制

图 6-29　形成新渐变

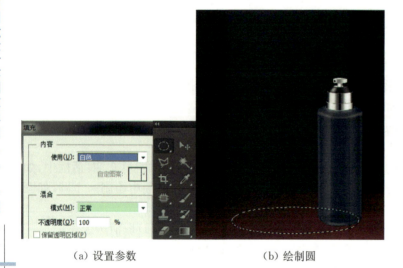

(a)设置参数　　　　　　(b)绘制圆

图 6-30　填充并绘制圆

图 6-31　填充选区

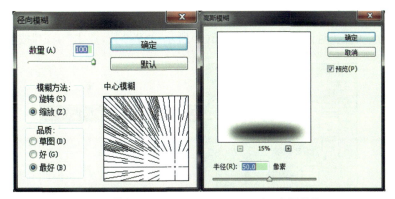

(a) 径向模糊　　　　　　　　(b) 高斯模糊

图 6-32　设置参数

(6) 按住 Shift 键选中图 6-33 所示三个图层,然后单击图层面板右上角的三角箭头,在弹出的快捷菜单中选择"创建剪贴蒙版"。

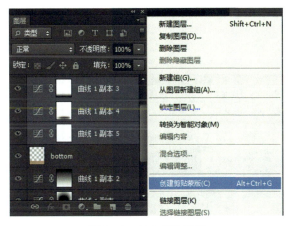

图 6-33　创建剪贴蒙版

(7) 点击工具箱中的"钢笔"按钮,如图 6-34(a)所示绘制一条路径;按 Ctrl+Enter 快捷键,将路径转化为选区。

(a) 绘制路径　　　　　　　　(b) 转化

图 6-34　绘制路径并转化

(8) 点击"图层"面板中下方的"创建新图层"按钮,新建"图层 2"图层;然后按 Shift+F5 快捷键,在弹出的"填充"对话框中,如图 6-35(b)所示设置参数,点击"确定"按钮。

(a) 新建图层　　　　　(b) 设置参数

图 6-35　新建图层并填充

(9) 按住 Shift 键,选中图 6-36(b)所示两个图层,再按 Ctrl+E 快捷键来合并图层。

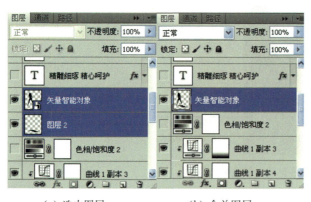
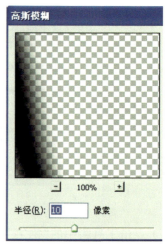

(a) 选中图层　　　　　(b) 合并图层

图 6-36　选中图层并合并　　　　　图 6-37　设置参数

(10) 执行"滤镜/模糊/高斯模糊"命令,如图 6-37 所示设置参数,点击"确定"按钮。

(11) 在打开的"图层"面板中,将图层的混合模式更改为"柔光",并将不透明度设置为 55%,如图 6-38(a)所示。

(12) 选中"瓶子"图层,接着点击"图层"面板下方的"创建新的填充"按钮,在弹出的快捷菜单中选择"色相/饱和度"。然后在"调整"面板中,如图 6-39 所示设置相应参数,来调整整个画面色调。

(13) 点击工具箱中的"文本"按钮,在打开的"字符"面板中,如图 6-40 所示输入文字。

(14) 点击"图层"面板下方的"增加图层样式"按钮,在弹出的快捷菜单中选择"投影",在弹出的"图层样式"对话框中,如图 6-41 所示进行参数设置,最后按 Enter 键完成操作。

(15) 将光标放置在图 6-42 所示位置上,然后右击鼠标,在弹出的快捷菜单中,选择"拷贝图层样式",如图 6-42 所示。

(a) 修改参数　　　　　　(b) 效果图

图 6-38　设置参数

图 6-39　调整色调

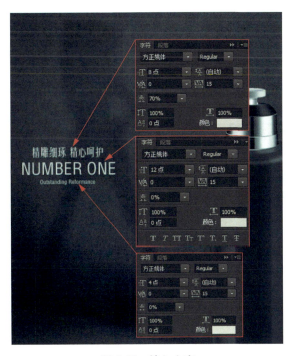

图 6-40　输入文字

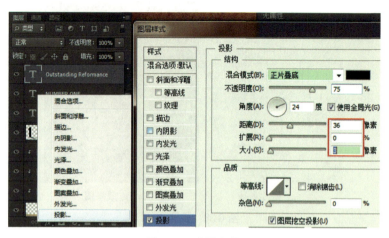

图 6-41 设置参数

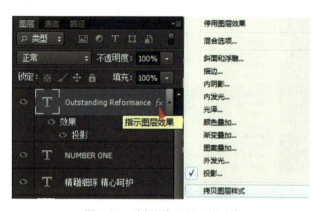

图 6-42 选择"拷贝图层样式"

（16）按住 Shift 键选中图 6-43 所示两个文字图层，右击鼠标，在弹出的快捷菜单中，选择"粘贴图层样式"，最终效果如图 6-1 所示。

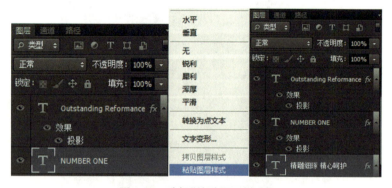

图 6-43 选择"粘贴图层样式"

> 知识点与技能

1. 选区修改器

(1) 按特定数量的像素扩展或收缩选区

具体操作步骤如下：

① 使用工具箱中的"选区"工具建立选区。

② 执行"选择/修改/扩展"或"收缩"命令缩放选区。

注：对于"扩展量"或"收缩量"，输入一个1到100之间的像素值，然后单击"确定"。

边框按指定数量的像素扩大或缩小（选区边界中沿画布边缘分布的任何部分不受"扩展"命令影响。）

(2) 在选区边界周围创建一个选区

"边界"命令可让你选择在现有选区边界的内部和外部的像素的宽度。当要选择图像区域周围的边界或像素带，而不是该区域本身时（例如清除粘贴的对象周围的光晕效果），此命令将很有用。详见图6-44。

　　（a）原始选区　　　（b）使用"边界"命令（值为
　　　　　　　　　　　　5像素）之后的选区

图6-44　选区边界创建选区

① 使用工具箱中的"选区"工具建立选区。

② 执行"选择/修改/边界"命令创建选区。

③ 为新选区边界宽度输入一个1到200之间的像素值，然后单击"确定"。

(3) 清除基于颜色的选区中的杂散像素

① 执行"选择/修改/平滑"命令。

② 对于"取样半径"，输入1到100之间的像素值，然后单击"确定"。

2. 颜色模式

图层的混合模式确定了其像素如何与图像中的下层像素进行混合。使用混合模式可以创建各种特殊效果，如图6-45所示。

① 正常模式：因为在Photoshop中颜色是当作光线处理的（而不是物理颜料），在正常模式下形成的合成或着色作品中不会用到颜色的相减属性。在正常模式下，永远也不可能得到一种比混合的两种颜色成分中最暗的那个更暗的混合色了。

② 溶解模式：当定义为层的混合模式时，将产生不可预知的结果。因此，该模式最好与Photoshop中的着色应用程序工具配合使用。

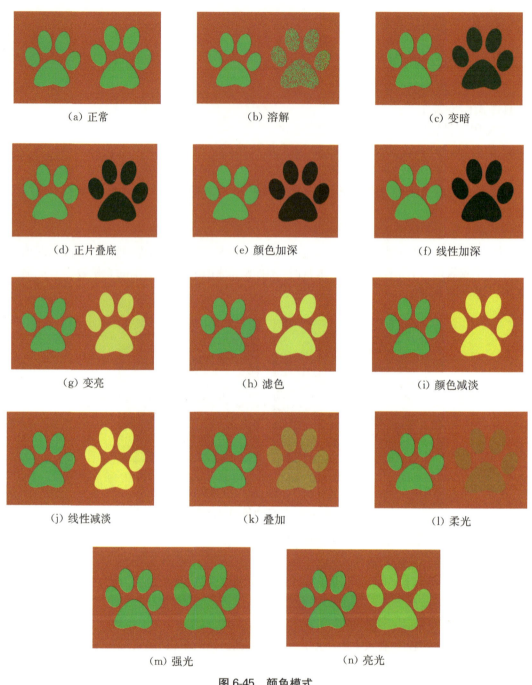

图 6-45 颜色模式

③ 变暗模式：这种模式导致比背景颜色更淡的颜色从合成图像中去掉。

④ 正片叠底模式：这种模式可用来着色并作为一个图像层的模式。在该模式中应用较淡的颜色对图像的最终像素颜色没有影响，且模拟阴影是很理想的。

⑤ 颜色加深模式：除了背景上的较淡区域消失，且图像区域呈现尖锐的边缘特性之外，该模式创建的效果类似于由正片叠底模式创建的效果。

⑥ 线性加深模式：在该模式中，查看每个通道中的颜色信息，并通过减小亮度使"基色"变暗以反映混合色。如果将"混合色"与"基色"上的白色混合，将不会产生变化。

⑦ 变亮模式：与变暗模式相反，较淡的颜色区域在合成图像中占主要地位。在层上的较暗区域，或在变亮模式中采用的着色，并不出现在合成图像中。

⑧ 滤色模式：正片叠底的反模式。在该模式下，源图像同背景合并的结果始终是相同的合成颜色或一种更淡的颜色，其对于在图像中创建霓虹辉光效果是有帮助的。

⑨ 颜色减淡模式：除了指定在这个模式的层上边缘区域更尖锐，以及在该模式下着色的笔划之外，其类似于滤色模式创建的效果。另外，不管何时定义颜色减淡模式的混合前景与背景像素，背景图像上的暗区域都将会消失。

⑩ 线性减淡（添加）模式：在该模式中，查看每个通道中的颜色信息，并通过增加亮度使基色变亮以反映混合色。但是不要与黑色混合，因为它们之间是不会发生变化的。

⑪ 叠加模式：以一种非艺术逻辑的方式把放置或应用到一个层上的颜色同背景色进行混合，能得到有趣的效果。

⑫ 柔光模式：根据背景中的颜色色调，把颜色应用于变暗或加亮背景图像。例如，在背景图像上涂了 50% 黑色，这是一个从黑色到白色的梯度，那着色时梯度的较暗区域变得更暗，而较亮区域则呈现出更亮的色调。

⑬ 强光模式：除了根据背景中的颜色而使背景色是多重的或屏蔽的以外，这种模式实质上同柔光模式是一样的。它的效果要比柔光模式更强烈一些，同叠加一样，该模式也可以在背景对象的表面模拟图案或文本。

⑭ 亮光模式：通过增加或减小对比度来加深或减淡颜色，具体取决于混合色。如果混合色（光源）比 50% 灰色亮，则通过减小对比度使图像变亮；反之，则通过增加对比度使图像变暗。

3. 曲线调整

在"曲线"调整面板中，可以调整图像的整个色调范围内的点，如图 6-46 所示。最初，图像的色调在图形上表现为一条直的对角线。在调整 RGB 图像时，图形的右上角区域代表高光，左下角区域代表阴影。图形的水平轴表示输入色阶（初始图像值）；垂直轴表示输出色阶（调整后的新值）。在向线条添加控制点并移动它们时，曲线的形状会发生更改，表示图像调整。曲线中较陡的部分表示对比度较高的区域；曲线中较平的部分表示对比度较低的区域。

注："曲线"调整也可以应用于 CMYK、LAB 或灰度图像。对于 CMYK 图像，图形显示油墨/颜料的百分比；对于 LAB 和灰度图像，图形显示光源值。执行"图像/调整/曲线"命令，将调整直接应用于图像图层，并扔掉图像信息。

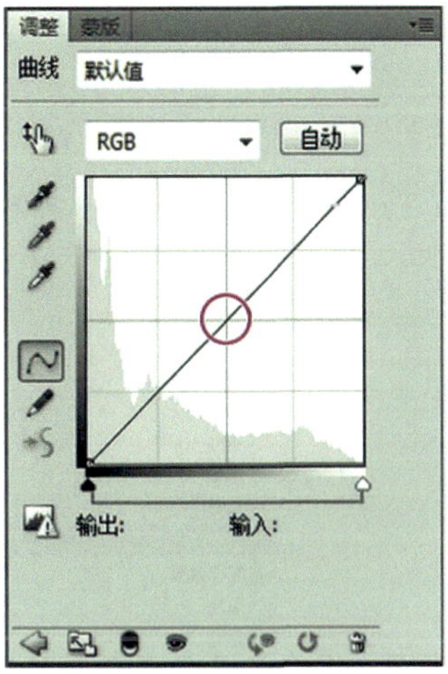

图 6-46 "调整"面板

4. 径向模糊

执行"滤镜/模糊/径向模糊"命令，即可产生滤镜效果。径向模糊：模拟前后移动相机或旋转相机拍摄物体产生的效果。通常用来表现自然光效果。

项目实训四　制作阳光效果

（1）启动 Photoshop，按 Ctrl＋N 快捷键，弹出"新建"对话框，如图 6-47 所示设置参数。

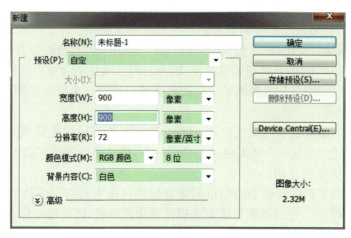

图 6-47　新建文档

（2）按 Ctrl＋D 快捷键，将"前景色"和"背景色"设置为黑色和白色。

（3）执行"滤镜/渲染/云彩"命令，效果如图 6-48 所示。

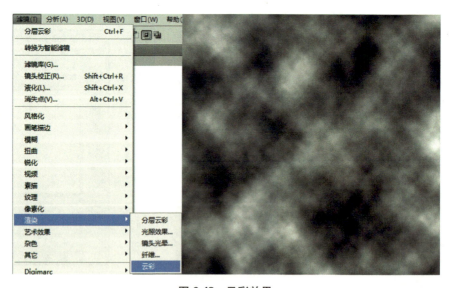

图 6-48　云彩效果

（4）执行"滤镜/渲染/分层云彩"命令，效果如图 6-49 所示。

（5）按 Ctrl＋F 快捷键，重复（4）中的滤镜特效。

（6）执行"图像/调整/色阶"命令，在弹出的"色阶"对话框中，如图 6-50 所示设置参数。

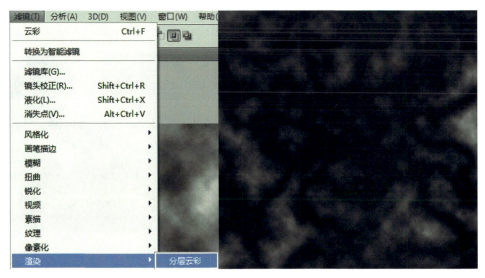

图 6-49 分层云彩效果

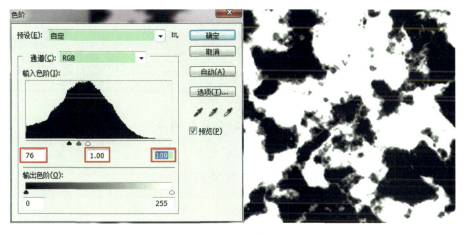

图 6-50 设置参数 1

（7）执行"滤镜/模糊/径向模糊"命令，在弹出的"径向模糊"对话框中，将"中心模糊"的中心点调整到箭头指定的位置，如图 6-51 所示设置参数。

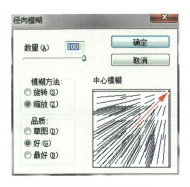

图 6-51 设置参数 2

(8)点击"图层"面板下方的"创建新的填充和调整颜色"按钮,在弹出的快捷菜单中选择"色彩平衡"命令,如图 6-52 所示设置参数,完成操作。

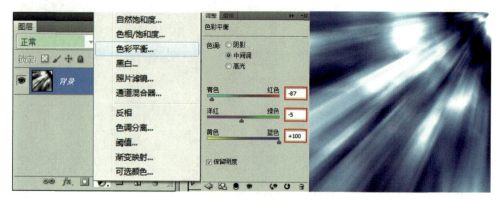

图 6-52　设置参数 3

项目评价

项目实训评价表

		内容	评价			
	学习目标	评价项目	4	3	2	1
职业能力	能熟练掌握Illustrator 的使用方法	熟练使用"修改选区"命令				
		熟练使用图层的"混合模式"命令				
		熟练使用"调整曲线"命令				
		熟练使用"径向模糊"命令				
通用能力	交流表达能力					
	与人合作能力					
	沟通能力					
	组织能力					
	活动能力					
	解决问题的能力					
	自我提高的能力					
	创新的能力					
	综合能力					

项目七　香水瓶广告

通过本项目的实践，同学们利用 Photoshop，能熟练地使用魔术棒工具将对象从背景中提取出来，并使用"自由变化"工具、蒙版工具和"内发光"图层样式效果来美化图像，然后利用 Illustrator 软件进行字体设计和排版。最终效果如图 7-1 所示。

技能要求

Illustrator CS5	Photoshop CS5
● 字体设计	● 自由缩放 ● 魔术棒 ● 画笔

图 7-1　最终效果

任务一　素材处理

（1）启动 Photoshop，如图 7-2 所示新建一个文档。

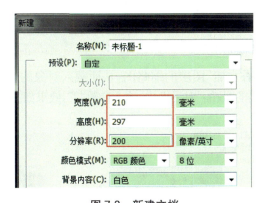

图 7-2　新建文档

图 7-3　设置颜色参数

（2）鼠标双击工具箱中的"前景色"按钮；如图 7-3 所示设置 RGB 颜色。

（3）执行"编辑/填充"命令，在弹出的"填充"对话框中如图 7-4 所示进行参数设置，点击"确定"按钮。

（4）执行"文件/置入"命令，选择下载资料文件夹中"项目八\素材\香水瓶.jpg"文件，点击"置入"按钮。

图7-4 设置填充参数

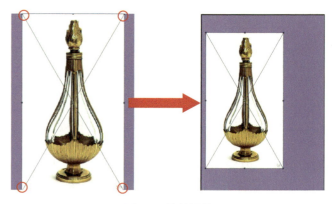

图7-5 缩放图片

(5)按住Shift键,同时将光标放置在矩形图像的任意一个角上,并向内拖动从而缩放图片,最后按回车键,如图7-5所示。

(6)打开"图层"面板,单击鼠标右键选中该图层,在弹出的快捷菜单中选择"栅格化图层"命令,将智能图层转化为栅格化图层。

(7)点击工具箱中的"魔术棒"按钮,在弹出的选项栏中,输入容差值"22",然后在操作界面中点击白色区域,使用魔术棒来抠出图形。最后按Delete键来删除对象,如图7-6所示。

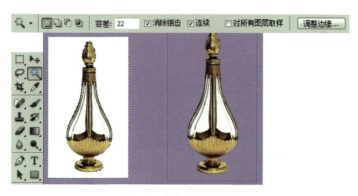

图7-6 "魔术棒"效果

(8)按住Ctrl键,点击"图层"面板中"香水瓶"图层的缩略图,从而载入对象的选区。

(9)执行"选择/修改/收缩"命令,在弹出的"收缩"对话框中,输入参数"2",效果如图7-7所示。

图7-7 收缩效果

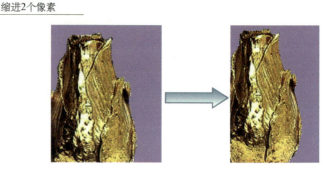

图7-8 效果图

(10)执行"选择/反向"命令,来反选对象,点击 Delete 键,删除多余的部分,如图 7-8 所示。

任务二　绘制背景和倒影

(1)按 Ctrl+D 快捷键取消选区。在"图层"面板中新建一个图层,并将其命名为"背光",如图 7-9 所示。

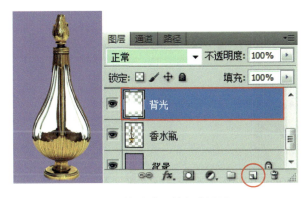

图 7-9　取消选区并新建图层

图 7-10　创建新选区

(2)点击工具箱中的"套索"按钮,在操作界面中如图 7-10 所示进行绘制,从而创造出一个新的选区。按 Shift+F5 快捷键,在弹出的"填充"对话框中,如图 7-11 所示进行设置,最后按回车键。

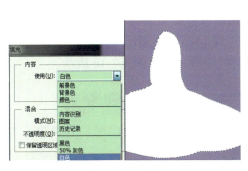

图 7-11　效果图

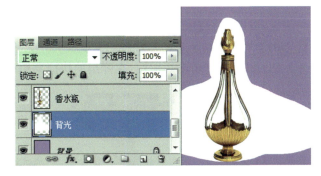

图 7-12　取消选区

(3)在"图层"面板中,将"背光"图层拖动到"香水瓶"图层下方,并按 Ctrl+D 快捷键取消选区,如图 7-12 所示。

(4)执行"滤镜/模糊/高斯模糊"命令,如图 7-13 所示设置参数。

(5)在打开的"图层"面板中,选中"香水瓶"图层,再按 Ctrl+J 快捷键进行复制。

(6)按 Ctrl+T 快捷键,将光标放在矩形调框的任意一个角上,调整其大小,如图 7-14 所示。

（7）鼠标右键单击矩形框，在弹出的快捷菜单中选择"垂直翻转"命令，然后将瓶子移动到下方，如图7-15所示。

图7-13 设置参数

图7-14 调整大小

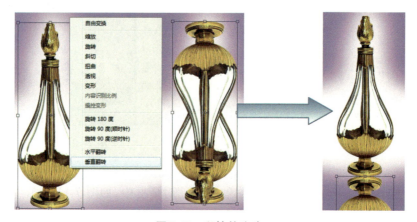

图7-15 翻转并移动

注：由于瓶子是圆弧状的，而复制过来的投影形状不符合透视原理，所以此时需要使用自由变化工具来调整投影的形状。

（8）鼠标右键单击矩形框，在弹出的快捷菜单中选择"变形"命令，如图7-16所示。

图7-16 "变形"命令

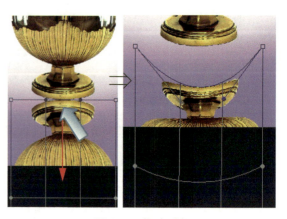

图7-17 拖动对象

(9) 将光标放置在香水瓶的底部,然后向下方拖动,如图 7-17 所示,从而更改对象底部的形状。

(10) 右击鼠标,在弹出的快捷菜单中选择"自由变换"命令,将对象移动到相应的位置,如图 7-18 所示,最后按回车键确定。

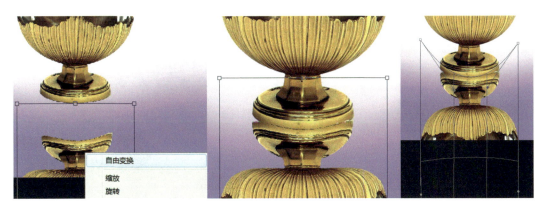

图 7-18 "自由变换"命令

(11) 在"图层"面板中,将"香水瓶副本"图层拖至"香水瓶"图层下方。

(12) 在"图层"面板中,如图 7-19 所示设置"香水瓶副本"的不透明度参数。

图 7-19 设置参数

图 7-20 增加图层蒙版

(13) 在"图层"面板中,为"香水瓶 副本"图层增加一个图层蒙版,如图 7-20 所示。

(14) 点击工具箱中的"渐变"按钮,在状态栏中,点击渐变拾色器右侧的三角下拉键,在弹出的面板中选中第一个渐变色。然后在"图层"面板中,选中"香水瓶 副本"的蒙版。最后在操作界面中,从下往上拖动,隐藏对象的一些部分,如图 7-21 所示。

(15) 在"图层"面板中新建一个图层,并命名为"投影"。

(16) 使用工具箱中的"椭圆选框工具",然后在操作界面中绘制一个椭圆选区,如图 7-22 所示。

(17) 按 Shift+F5 快捷键,在弹出的"填充"对话框中选择"黑色",点击"确定"按钮,然后按 Ctrl+D 快捷键取消选区,如图 7-23 所示。

(18) 执行"滤镜/模糊/高斯模糊"命令,如图 7-24 所示设置参数。

图 7-21　隐藏部分对象

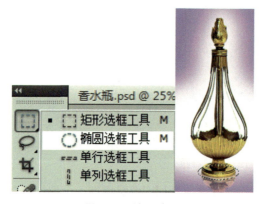

图 7-22　绘制选区

图 7-23　取消选区

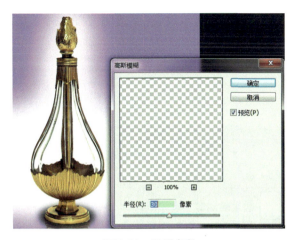

图 7-24　设置参数

任务三　绘制补充光线

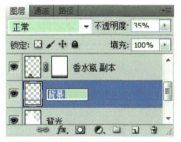

图 7-25　新建图层

（1）在"图层"面板中，选中"背光"图层，然后点击"图层"面板下方的"创建一个新图层"按钮，将新的图层命名为"背景"，如图 7-25 所示。

（2）点击工具箱中的"画笔"工具，按 F5 快捷键，弹出"画笔"面板，如图 7-26 所示设置参数，从而改变画笔的大小。

（3）如图 7-27 所示，在瓶子的底部绘制背景颜色，从而区分出立面和横面之间的关系。

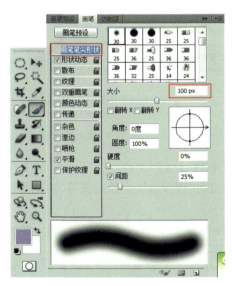

图 7-26　设置参数

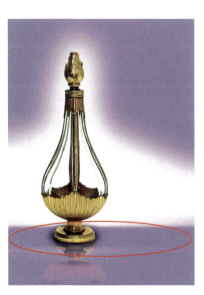

图 7-27　绘制背景颜色

（4）在"图层"面板中，如图 7-28 所示设置"不透明度"的参数，从而减弱"背景"图层的透明度。

图 7-28　设置不透明度

（5）在"图层"面板中，选中"香水瓶"图层。然后点击"图层"面板下方的"增加图层样式"按钮，在弹出的快捷菜单中选择"内投影"命令。

（6）在弹出的"图层样式"对话框中，如图 7-29 所示进行参数设置，效果如图 7-30 所示。此时香水瓶看上去会更有光感。

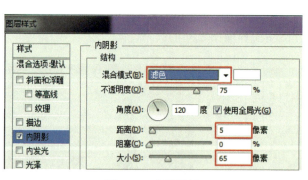

图 7-29　参数设置　　　　　　　　图 7-30　效果图

（7）按 Ctrl+S 快捷键保存文档。启动 AI 软件，执行"文件/打开"命令，选择下载资料文件夹中"项目八\素材\香水瓶.psd"文档。在弹出的"Photoshop 导入选项"对话框中，勾选"显示预览"。

（8）点击工具箱中的"文字"按钮，然后在操作界面中单击鼠标右键，输入"特勒.尤尔香水"字样，再打开"字符"面板，如图 7-31 所示设置参数。

（9）按照上述相同的操作步骤，输入文字"特勒.尤尔香水公司"，如图 7-32 所示设置参数。

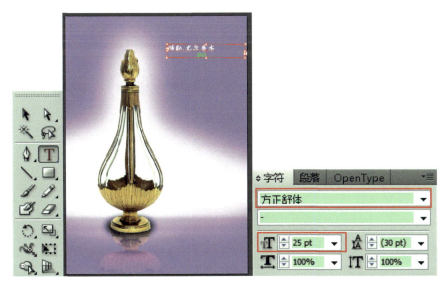

图 7-31　输入文字 1

图 7-32　输入文字 2

(10) 按照上述相同的操作步骤，输入文字"vive le odor"，如图 7-33 所示设置参数。

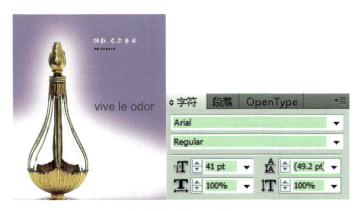

图 7-33　输入文字 3

(11) 按照上述相同的操作步骤，输入文字"Calagne for Men"，如图 7-34 所示设置参数。

图 7-34　输入文字 4

知识点与技能

1. 自由变换工具

执行"编辑/自由变换"命令，即可出现一个变换框。通过拖动该变换框的手柄对图层中的对象进行缩放、旋转、斜切或者扭曲等操作。也可以通过对状态栏中的参数进行设置，达到拖动手柄的效果。下面举例说明。

① 打开下载资料文件夹中"项目八\素材\自由变换.psd"文件。

② 按 Ctrl＋T 快捷键执行"自由变换"命令。当操作界面中出现变换框时，只需任意拖动手柄即可对图层中的对象进行大小调整。

如图 7-35 所示：

(a) 只需拖动任意手柄即可对图层的对象进行大小调整。

(b) 按住 Shift 键的同时只需拖动一个角手柄，即可调整大小，同时维持对象的比例不变。

(c) 按住 Alt 键的同时按住 shift 键即可从中心点开始缩放。

(d) 将光标从变换框的内部移出，它将变成一个弯曲的双箭头形状，此时拖动光标即可旋转对象。

(e) 移动变形的中心点，将光标从变换框的内部移出，它将变成一个弯曲的双箭头形状，此时拖动光标即可根据中心点旋转对象。

(f) 将光标放置在变换框内，单击鼠标右键，在弹出的快捷菜单中可选择其中任何一个命令。

(g) 选择"斜切"命令后，拖动边手柄倾斜变换框，保持边平行。

(h) 选择"扭曲"命令后，单独拖动一个角或者边手柄进行缩放或者翻转。

(i) 选择"透视"命令后，拖动一个角手柄的同时，与其相对的另一个角手柄也发生对称的变化。

(j) 选择"变形"命令，将其所有的变换方法都合并在一起使用。

2. 魔术棒工具

魔术棒的优点就是便捷简单。在选择单一的颜色区域，或者要在一幅图像中选择少量相似色填充的区域，同时又不想选择那些杂点时，可选择使用魔术棒工具。点击想要选取的颜色的像素即可。

图 7-35 自由变换工具

3. 画笔工具

除了直径和硬度的设定外，Photoshop 针对笔刷还提供了非常详细的设定，这使得笔刷变得丰富多彩，而不再只是我们前面所看到的简单效果。

实际上我们前面所使用笔刷，可以看作是由许多圆点排列而成的。如果我们把间距设为 100%，就可以看到头尾相接依次排列的各个圆点，如图 7-36 所示；如果设为 200%，就会看到圆点之间有明显的间隙，其间隙正好足够再放一个圆点，如图 7-37 所示。由此可以看出，那个间距实际就是每两个圆点的圆心距离，间距越大圆点之间的距离也越大。

图 7-36　间距为 100%　　　　　　　　图 7-37　间距为 200%

那为什么我们在前面画直线的时候没有感觉出是由圆点组成的呢？

那是因为间距的取值是百分比，而百分比的参照物就是笔刷的直径。当直径本身很小的时候，这个百分比计算出来的圆点间距也小，因此不明显。而当直径很大时，这个百分比计算出来的间距也大，圆点的效果就明显了。我们可以作一个对比试验，保持 25% 的间距，分别将直径设为 9 像素和 90 像素，然后在图像中各画一条直线，再比较一下它们的边缘。如图 7-38 所示，可以看到第一条直线边缘平滑，而第二条直线边缘很明显地出现了弧线，这些弧线就是许多的圆点外缘组成的，如图 7-39 所示。

图 7-38　各像素的直线　　　　　　
图 7-39　圆点外缘组成弧线

因此，使用较大的笔刷时要适当降低间距。

但间距的距离最小为 1%，而笔刷的最大直径为 2500 像素。那么当笔刷直径为 2500 像素时，圆点的间距最小也达到 25 像素，看起来是很明显的。如果遇到这样的情况，可直接绘制一个大的长方形来代替。

需要注意的是，如果关闭间距选项，那么圆点分布的距离就以鼠标拖动的快慢为准，慢的地方圆点较密集，快的地方则较稀疏。

项目实训五　制作"手机"广告

方法一

（1）启动 Photoshop 软件，打开下载资料文件夹中"项目八\素材\手机.jpg"文件。

（2）使用工具箱中的圆角矩形工具，在操作界面中绘制一个圆角矩形，如图 7-40 所示。

图 7-40 绘制圆角矩形

图 7-41 调整矩形

(3) 按 Ctrl+T 快捷键,将光标放置在矩形调整框的任意一个角的外侧,从而旋转对象,然后调整矩形的大小和位置,如图 7-41 所示,最后按回车键确定。

(4) 置入下载资料文件夹中"项目八\素材\sky.jpg"图片,如图 7-42 所示。

图 7-42 置入图片

图 7-43 调整图片

(5) 按 Ctrl+T 快捷键,使用上述同样的方法调整图片的大小比例和相对位置,如图 7-43 所示。

(6) 在"图层"面板中选中"sky"图层,右击鼠标,在弹出的快捷菜单中,选择"创建剪贴蒙版"命令,即可完成操作,如图 7-44 所示。

图 7-44 创建蒙版

方法二

(1) 按住 Ctrl 键,同时点击"图层"面板上"圆角矩形 1"图层的缩略图,从而载入圆角矩形的选区,如图 7-45 所示。

图 7-45　创建选区

图 7-46　增加图层蒙版

(2) 再次选择"sky"图层,并点击"图层"面板下方的"增加图层蒙版"按钮,如图 7-46 所示。

(3) 取消"圆角矩形"图层的可视性,如图 7-47 所示。

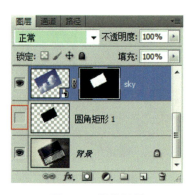

图 7-47　取消可见

图 7-48　更改参数

(4) 最后点击"图层"面板上方"混合模式"右侧的下拉键头,从弹出的下拉菜单中选择"线性减淡(增加)"命令,并将"不透明度"更改为"75％",如图 7-48 所示。

(5) 点击"图层"面板下方的"增加图层样式"按钮,在弹出的快捷菜单中选择"内发光"命令,并如图 7-49 所示进行参数设置。

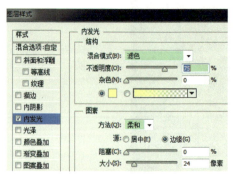

图 7-49　设置参数

图 7-50　设置参数

（6）点击"图层"面板下方的"增加图层样式"按钮，在弹出的快捷菜单中选择"内投影"命令，并如图 7-50 所示进行参数设置，表现出更为逼真的效果。

项目评价

项目实训评价表

<table>
<tr><th colspan="2">内容</th><th>评价项目</th><th colspan="4">评价</th></tr>
<tr><th></th><th>学习目标</th><th></th><th>4</th><th>3</th><th>2</th><th>1</th></tr>
<tr><td rowspan="5">职业能力</td><td rowspan="4">能熟练掌握 Photoshop 的使用方法</td><td>熟练使用"内发光"图层样式特效</td><td></td><td></td><td></td><td></td></tr>
<tr><td>熟练使用"蒙版"工具</td><td></td><td></td><td></td><td></td></tr>
<tr><td>熟练使用"自由缩放"命令</td><td></td><td></td><td></td><td></td></tr>
<tr><td>熟练使用"魔术棒"工具</td><td></td><td></td><td></td><td></td></tr>
<tr><td>能熟练掌握 AI 的使用方法</td><td>熟练使用"文字排版"工具</td><td></td><td></td><td></td><td></td></tr>
<tr><td rowspan="8">通用能力</td><td colspan="2">交流表达能力</td><td></td><td></td><td></td><td></td></tr>
<tr><td colspan="2">与人合作能力</td><td></td><td></td><td></td><td></td></tr>
<tr><td colspan="2">沟通能力</td><td></td><td></td><td></td><td></td></tr>
<tr><td colspan="2">组织能力</td><td></td><td></td><td></td><td></td></tr>
<tr><td colspan="2">活动能力</td><td></td><td></td><td></td><td></td></tr>
<tr><td colspan="2">解决问题的能力</td><td></td><td></td><td></td><td></td></tr>
<tr><td colspan="2">自我提高的能力</td><td></td><td></td><td></td><td></td></tr>
<tr><td colspan="2">创新的能力</td><td></td><td></td><td></td><td></td></tr>
<tr><td colspan="3">综合能力</td><td></td><td></td><td></td><td></td></tr>
</table>

书籍装帧篇

项目八　艺术诗文书籍封面设计

通过本项目的实践,同学们利用 Photoshop 能够熟练地进行素材制作和基本排版,然后导入到 Illustrator 中,进行文字排版。最终效果如图 8-1 所示。

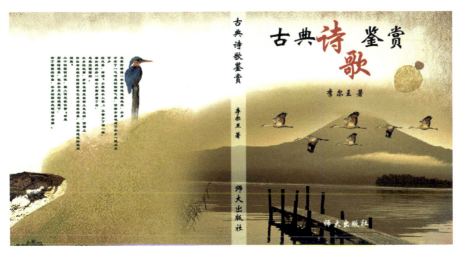

图 8-1　最终效果

技能要求

Illustrator CS5	Photoshop CS5
● 参考线的使用	● 应用渐变填充

任务一　制作左侧封面

（1）启动 Photoshop 软件,按 Ctrl+N 快捷键,弹出"新建"对话框,如图 8-2 所示设置参数。

（2）按 Ctrl+R 快捷键,在操作界面中显示"标尺"。将鼠标光标移动到标尺上,右击鼠标,然后在弹出的快捷菜单中选择"毫米",如图 8-3 所示。

（3）执行"视图/新建参考线"命令,在弹出的"新建参考线"对话框中,如图 8-4(a)所示设置参数,完成出血线的绘制。

（4）按照上述相同的操作步骤,依次绘制水平线、2 条垂直线以及 2 条辅助线,分别如图 8-5、图 8-6、图 8-7 所示。

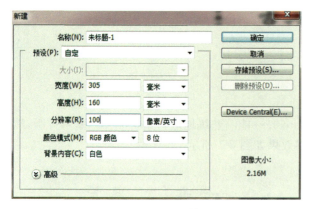

图 8-2 新建文档　　　　　　　　　图 8-3 "毫米"

（a）设置参数　　　　（b）出血线　　　　图 8-5 绘制水平线

图 8-4 绘制出血线

（a）设置参数　　　　　　　　（b）效果图

图 8-6 绘制垂直线

（a）设置参数　　　　　　　　（b）效果图

图 8-7 绘制辅助线

(5)执行"文件/置入"命令,在弹出的"置入"对话框中选择下载资料文件夹中"项目九\素材\底纹.jpg"文件。在操作界面中进行调整大小,然后按回车键来确定。

(6)执行"文件/置入"命令,在弹出的"置入"对话框中选择下载资料文件夹中"项目九\素材\石头.png"文件。在操作界面中进行调整,然后按回车键,如图8-8所示。

图8-8 置入图片

图8-9 修改模式

(7)在打开的"图层"面板中将"混合模式"选为"强光",如图8-9所示。

(8)执行"文件/置入"命令,在弹出的"置入"对话框中选择下载资料文件夹中"项目九\素材\鸟.png"文件。在操作界面中进行调整,然后按回车键,如图8-10所示。

(9)点击"图层"面板下方的"增加图层蒙版"按钮,从而生成图层蒙版。

(10)点击工具箱中的"画笔"按钮,并确定前景色为"黑色"。在操作界面中右击鼠标,在弹出的快捷菜单中选择"柔边缘"。在操作界面中涂抹树枝底端,使其虚化在背景视图中,如图8-11所示。

图8-10 置入图片

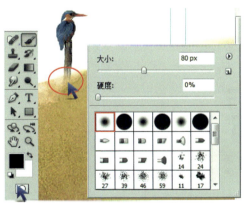

图8-11 虚化

任务二　制作右侧封面

（1）执行"文件/置入"命令，在弹出的"置入"对话框中选择下载资料文件夹中"项目九\素材\风景.jpg"文件。在操作界面中进行调整，按回车键，如图 8-12 所示。

图 8-12　置入图片

（2）在"图层"面板中将"混合模式"改为"明度"。
（3）点击"图层"面板下方的"增加图层蒙版"按钮，从而生成图层蒙版。
（4）点击工具箱中的"画笔"按钮，并确定前景色为"黑色"。在操作界面中右击鼠标，在弹出的快捷菜单中选择"柔边缘"。在操作界面中涂抹图片四周的边缘，使其虚化在背景视图中，如图 8-13 所示。

图 8-13　虚化

(5)执行"文件/置入"命令,选择下载资料文件夹中"项目九\鸟群.png"文件,如图8-14所示。

图8-14 置入图片

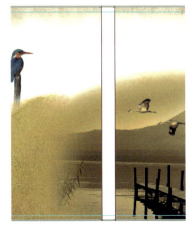

图8-15 绘制矩形

(6)点击工具箱中的"矩形"按钮,在操作界面中绘制一个矩形,如图8-15所示。
(7)在"图层"面板中,将"形状1"图层的"不透明度"设置为"55%",效果如图8-16所示。

图8-16 设置不透明度

(8)按Ctrl+S快捷键来保存PS文档。

任务三 在AI中加入文字

(1)按Ctrl+O快捷键,在弹出的"打开"对话框中,选择"项目九\素材\书籍封面设计.psd"文件。然后在弹出的"Photoshop导入选项"对话框中选择"将图层拼合为单个图像",按回车键确定,如图8-17所示。

图 8-17 设置参数

(2) 按 Ctrl+R 快捷键,在操作界面中显示"标尺"。将鼠标光标移动到标尺上,右击鼠标,在弹出的快捷菜单中选择"毫米"。拖拽一条水平参考线,然后在控制栏中如图 8-18 所示设置参数,绘制一条出血线。

(a) 设置参数

(b) 效果图

图 8-18 绘制出血线

(3) 按照上述相同的操作步骤,依次绘制一条水平参考线和 4 条垂直参考线,参数设置如图 8-19(a)~(e)所示,效果如图 8-19(f)所示。

(4) 点击工具箱中的"文字"按钮,在弹出的快捷菜单中选择"直排文字工具",然后在操作

图 8-19　绘制参考线

界面中绘制一个文本框，如图 8-20 所示输入文字，最后在"字符"面板中如图 8-20 所示进行参数设置。

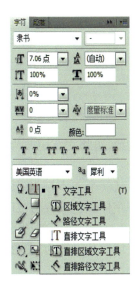

图 8-20　输入文字 1

(5)点击工具箱的"文字"按钮,并在操作界面中绘制一个文本框,如图 8-21 所示输入文字,然后在"字符"面板中进行参数设置。

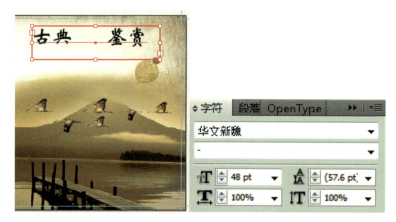

图 8-21　输入文字 2

(6)点击工具箱中的"文字"按钮,并在视图中绘制一个文本框,如图 8-22 所示输入文字,然后将字体的颜色设置为红色。最后在"字符"面板中进行参数设置,如图 8-23 所示。

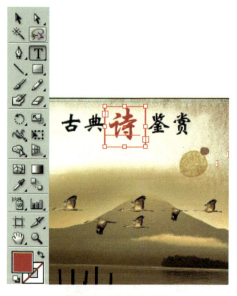

图 8-22　输入文字 3

图 8-23　设置参数

(7)按 Alt 键,选择文字"诗",然后将其移动到相应位置,再将文字更改为"词",如图 8-24 所示。

(8)点击工具箱中的"文字"按钮,并在操作界面中绘制一个文本框,如图 8-25 所示输入文字。最后在"字符"面板中如图 8-26 所示进行设置,并将字体颜色设置为"红色"。

(9)点击工具箱中的"文字"按钮,在操作界面中绘制一个文本框,如图 8-27 所示输入文字。最后在"字符"面板中如图 8-28 所示进行设置,并将字体颜色设置为"白色"。

(10)按照上述相同的操作步骤制作其余文字,如图 8-29 所示。

图 8-24　更改文字

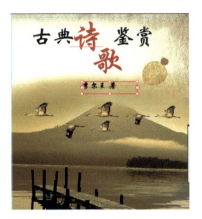
图 8-25　输入文字 4

图 8-26　参数设置

图 8-27　输入文字 5

图 8-28　参数设置

图 8-29 制作文字

知识点与技能

1. 应用渐变填充

渐变工具可以创建多种颜色间的逐渐混合。

(1) 线性渐变

以直线从起点渐变到终点,如图 8-30 所示。

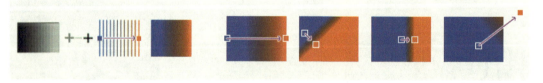

图 8-30 线性渐变

(2) 径向渐变

以圆形图案从起点渐变到终点,如图 8-31 所示。

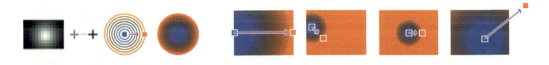

图 8-31　径向渐变

（3）角度渐变

围绕起点以逆时针扫描方式渐变，如图 8-32 所示。

图 8-32　角度渐变

（4）对称渐变

在起点的两侧镜像相同的线性渐变，如图 8-33 所示。

图 8-33　对称渐变

（5）菱形渐变

遮蔽菱形图案从中间到外边角的部分，如图 8-34 所示。

图 8-34　菱形渐变

注：渐变工具不能用于位图或索引颜色图像。

2．渐变编辑器概述

"渐变编辑器"对话框可用于通过修改现有渐变的拷贝来定义新渐变。还可以向渐变添加中间色，在两种以上的颜色间创建混合。

通过渐变编辑器，能完成如下操作：

①创建平滑渐变；②指定渐变透明度；③创建杂色渐变；④使用参考线；⑤创建参考线；⑥移动、删除或释放参考线；⑦将对象对齐到锚点和参考线。

项目实训六　制作昆虫书籍封面

（1）启动 Photoshop 软件，按 Ctrl＋N 快捷键，如图 8-35 所示新建文档。

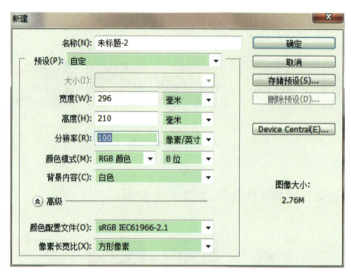

图 8-35　新建文档

（2）执行"文件/置入"命令，置入下载资料文件夹中"项目九\素材\蜜蜂.jpg"文件，在操作界面中进行调整，然后按回车键，如图 8-36 所示。

图 8-36　置入文件并调整　　　　　　图 8-37　载入选区

（3）在"图层"面板中，先选择"蜜蜂"图层。接着右击鼠标，在弹出的快捷菜单中选择"栅格化图层"命令，将智能图层转化为普通图层。

（4）点击工具箱中的"魔术棒工具"按钮，然后在按 Shift 键的同时点击操作界面中的空白处，从而载入白色选区，再按 Delete 键进行删除，最后按 Ctrl＋D 快捷键取消选区，如图 8-37 所示。

（5）按 Ctrl＋T 快捷键，使用"自由变换工具"来调整对象的大小和位置，然后按回车键。

(6) 在"图层"面板中选择"蜜蜂"图层,点击"图层"面板下方的"创建新的图层样式"按钮,在弹出的快捷菜单中选择"投影"命令,然后如图 8-38 所示进行参数设置。

图 8-38　设置参数 1

(7) 勾选"外发光"选项,然后在右侧的面板中设置"不透明度度"为"15%"使对象产生一种折射感,如图 8-39 所示,最后按回车键。

图 8-39　设置参数 2

(8) 在"图层"面板中选择"背景"图层,并将前景色设置为"浅黄色",如图 8-40 所示,然后按 Alt+Delete 快捷键,快速填充图层。

图 8-40　设置前景色

（9）点击工具箱中的"矩形"按钮，并将前景色设置为"淡黄色"，然后在操作界面中绘制一个矩形，如图 8-41 所示。

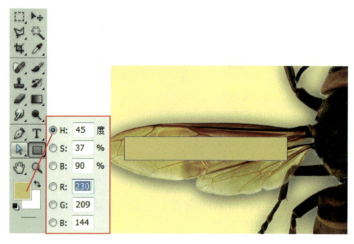

图 8-41　设置颜色并绘制矩形

（10）在"图层"面板中将混合模式设置为"叠加"，并将不透明度设置为"75%"，如图 8-42 所示。

（11）点击工具箱中的"文字"按钮，在操作界面中绘制一个文本框，在框内如图 8-43 所示输入文本完成操作。

图 8-42　设置参数

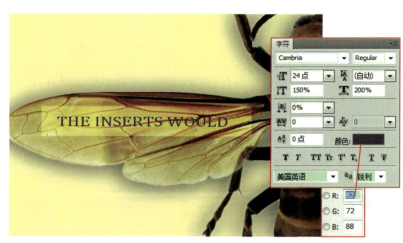

图 8-43　输入文本

项目评价

项目实训评价表

	内容		评价			
	学习目标	评价项目	4	3	2	1
职业能力	能熟练掌握 AI 的操作方法	熟练运用"参考线"				
	能熟练掌握 PS 的操作方法	熟练运用"应用渐变色"				
通用能力	交流表达能力					
	与人合作能力					
	沟通能力					
	组织能力					
	活动能力					
	解决问题的能力					
	自我提高的能力					
	创新的能力					
	综合能力					

项目九　时尚杂志封面设计

通过本项目的实践，同学们利用 Illustrator 能够熟练地进行素材制作，然后复制到 Photoshop 中，再通过 Photoshop 置入图像，使用多种图层样式效果来美化图像，最后进行字体排版，使杂志封面效果表现得更加完美。最终效果如图 9-1 所示。

技能目标

Illustrator CS5	Photoshop CS5
● 符号	● 字体

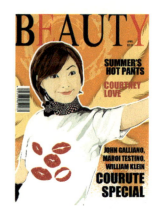

图 9-1　最终效果

任务一　准备素材并放置在适当位置

（1）启动 Illustrator，按 Ctrl＋N 快捷键，如图 9-2 所示新建一个文档。

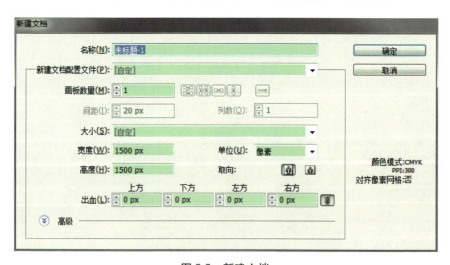

图 9-2　新建文档

（2）点击"符号"面板下方的"符号库菜单"按钮，在弹出的快捷菜单中选择"至尊矢量包"命令，点击工具箱中的"选择"按钮，然后在弹出的"至尊矢量包"面板中选择"翅膀"矢量图，并将其拖入操作界面中，如图 9-3 所示。

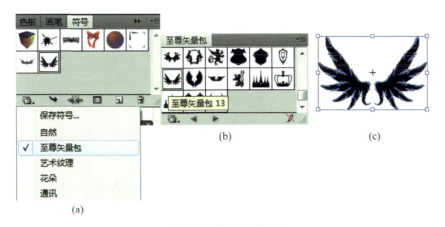

图 9-3　选择矢量图 1

(3) 点击"符号"面板下方的"符号库菜单"按钮,在弹出的快捷菜单中选择"污点矢量包"命令。然后在弹出的"污点矢量包"面板中选择"污点矢量 8"矢量图,并将其拖入操作界面中,如图 9-4 所示。

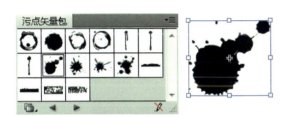

图 9-4　选择矢量图 2

图 9-5　选择矢量图 3

(4) 点击"符号"面板下方的"符号库菜单"按钮,在弹出的快捷菜单中选择"污点矢量包"命令。然后在弹出的"污点矢量包"面板中选择"污点矢量 1"矢量图,并将其拖入操作界面中,如图 9-5 所示。

(5) 按 Ctrl+S 快捷键,保存 AI 文档。

任务二　制作封面图片

(1) 启动 Photoshop,按 Ctrl+N 快捷键,如图 9-6 所示。

(2) 执行"文件/置入"命令,置入下载资料文件夹中"项目十\素材\时尚女孩.jpg"文件,然后在操作界面中,将光标放在矩形框的任意一个角上,如图 9-7 所示进行调整,最后按回车键。

(3) 选择"图层"面板中的"背景"图层,然后将前景色设置为"橙色",如图 9-8 所示。按 Alt+Delete 快捷键,快速填充橙色。

(4) 选择"图层"面板中的"形状 1"图层,接着点击"图层"面板下方的"创建新的图层样式"按钮,在弹出的快捷菜单中选择"描边"命令,如图 9-9 所示进行参数设置,为对象增加描边效果。

项目九　时尚杂志封面设计

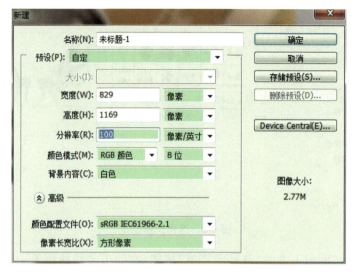

图 9-6　新建文档

图 9-7　置入图片

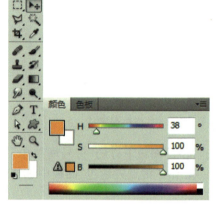

图 9-8　填充橙色

（a）设置参数　　　　　　　　　　（b）效果图

图 9-9　描边

(5) 点击"图层"面板下方的"增加新图层"按钮,新建一个图层。

(6) 点击工具箱中的"渐变工具"按钮,并将前景色设置为"白色"。在选项栏中,点击"点按可编辑渐变"按钮。在弹出的面板中选择"前景色到透明渐变",然后在操作界面中从下至上绘制一条渐变线,如图 9-10 所示。

图 9-10 绘制渐变线

(7) 选择"图层"面板中的"图层 1"图层,如图 9-11 所示设置参数。

图 9-11 溶解效果

(8) 打开任务一中创建的 AI 文件,选中"翅膀"对象。按 Ctrl+C 快捷键进行复制,再回到 Photoshop 中,按 Ctrl+V 快捷键进行粘贴,并在弹出的"粘贴"对话框中,选择"形状图层",然后在操作界面中调整对象的大小和位置,最后按回车键,如图 9-12 所示。

(9) 选择"图层"面板中的"形状 1"图层,点击"图层"面板下方的"创建新的图层样式"按钮,在弹出的快捷菜单中选择"投影"命令,如图 9-13 所示进行参数设置,为对象增加投影效果。

项目九 时尚杂志封面设计

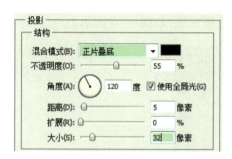

图 9-12　粘贴对象并调整　　　　　　图 9-13　设置参数

（10）继续在"样式"对话框中勾选"外发光"，然后在右侧的"外发光"面板中如图 9-14 所示进行参数设置，为对象创建一种折射感，最后按回车键。

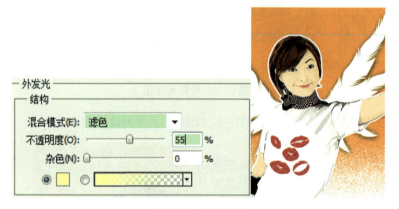

图 9-14　设置参数

（11）选择"图层"面板中的"形状 1"图层，将该图层的不透明度设置为"65％"，如图 9-15 所示。

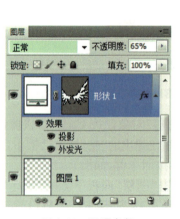

图 9-15　设置参数　　　　　　图 9-16　粘贴对象并调整

(12)打开任务一中创建的 AI 文件,选中"污点矢量图 1"对象,按 Ctrl+C 快捷键进行复制,再回到 Photoshop,按 Ctrl+V 快捷键进行粘贴,在弹出的"粘贴"对话框中,选择"形状图层",然后在操作界面中调整对象的大小和位置,最后按回车键,如图 9-16 所示。

(13)选择"图层"面板中的"形状 3"图层,将该图层的不透明度设置为"45%",如图 9-17 所示。

(14)按 Ctrl+J 快捷键,快速复制"形状 3"图层,然后将该图层的不透明度设置为"35%"。

(15)按 Ctrl+T 快捷键,使用"自由变换工具"将对象缩小并旋转 180°,最后按回车键,如图 9-18 所示。

(16)执行"文件/置入"命令,置入下载资料文件夹中的"项目十\素材\条形码.jpg"文件,在操作界面中进行调整将对象旋转 90°,最后按回车键,如图 9-19 所示。

图 9-17　不透明效果

图 9-18　调整对象

图 9-19　置入条形码

任务三　制作文字

(1)点击工具箱中的"文字"按钮,在操作界面中绘制一个文本框,并输入文本,如图 9-20 所示。

(2)打开"字符"面板,如图 9-21 所示设置参数,并将字体设置为"白色"。

(3)点击工具箱中的"文字"按钮,然后选中(1)中的"E"和"Y"字母,打开"字符"面板,将字体的颜色设置为"红色",如图 9-22 所示。

(4)继续选中"B"和"U"字母,在"字符"面板中,将字体的样式设置为"粗体",如图 9-23 所示。

(5)在操作界面中绘制一个文本框并输入文本,然后如图 9-24 所示设置参数。

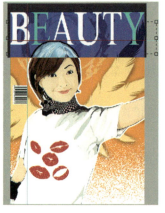

图 9-20 输入文本　　　　图 9-21 设置参数

图 9-22 设置参数

图 9-23 设置参数

图 9-24 设置参数

(6) 按照上述相同的操作步骤，依次输入文字，分别如图 9-25、图 9-26 所示设置参数。

图 9-25　设置参数

图 9-26　设置参数

(7) 选中"COURUTE SPECIAL"字母，如图 9-27 所示设置参数。

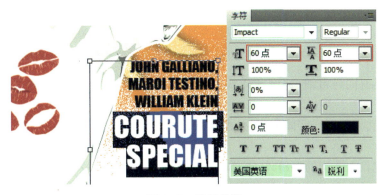

图 9-27　设置参数

(8) 继续在操作界面中绘制一个文本框并输入文本，如图 9-28 所示设置参数。

(9) 打开 AI 文件，选中"污点矢量图 8"对象。按 Ctrl＋C 快捷键进行复制，再回到 Photoshop，按 Ctrl＋V 快捷键进行粘贴，在弹出的"粘贴"对话框中，选择"形状图层"，在操作界面中调整对象的大小和位置,按回车键,最后鼠标双击"形状 4"图层,在弹出的面板中将其颜色设置为"橙色",如图 9-29 所示。

图 9-28　设置参数

图 9-29　粘贴对象并调整

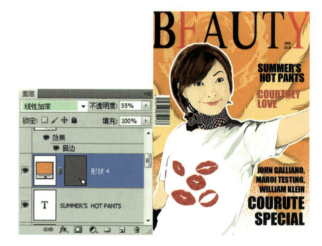

图 9-30　设置参数

(10) 在"图层"面板中,如图 9-30 所示设置参数。

知识点与技能

1. 字体和字样

字体就是具有同样粗细、宽度和样式的一组字符(包括字母、数字和符号)所形成的完整集合。

字样(也称文字系列或字体系列)是由具有相同的整体外观的字体形成的集合,专为一同使用而设计。

除了可在键盘上看到的字符外,字样还包括许多字符。根据字体的不同,这些字符可能包括连字、分数字、花饰字、装饰字、序数字、标题和文体替代字、上标和下标字符、变高数字和全高数字。字形是字符的一种具体形式。例如,在某些字体中,大写字母 A 有多种形式,如:花体字和小型大写字母。

2. 预览字体

可以在"字符"面板中的字体系列菜单和字体样式菜单中查看某一种字体的样本,也可以在从其中选取字体的应用程序的其他区域中进行查看。

3. 选取字体系列和样式

可以通过在文本框中键入字体系列的名称来选取字体系列和样式。键入一个字母后，会出现以该字母开头的第一个字体或样式的名称。继续键入其他字母直到出现正确的字体或样式名称。

注：不能将"仿粗体"格式应用于变形文字。

项目实训七　贺卡设计

（1）启动 Photoshop，按 Ctrl＋N 快捷键，如图 9-31 所示设置参数，新建一个文档。

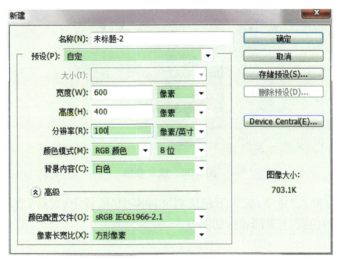

图 9-31　新建文档

（2）执行"文件/置入"命令，置入下载资料文件夹中"项目十\素材\花卉 1.jpg"文件，在操作界面中调整对象的位置，最后按回车键，如图 9-32 所示。

（3）点击"图层"面板下方的"增加新图层"按钮，增加一个图层。

（4）点击工具箱中的"画笔"按钮，再按住 Alt 键吸取图 9-32 中玫瑰花花蕊的颜色。然后在操作界面中，右击鼠标，在弹出的面板中，如图 9-33 所示设置参数。

图 9-32　置入文件

（5）按住 Shift 键，在图片周围画一个直线框，如图 9-34 所示。在"图层"面板中如图 9-35 所示设置参数。

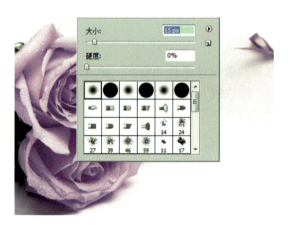

图 9-33　设置参数　　　　　　　　图 9-34　绘制直线框

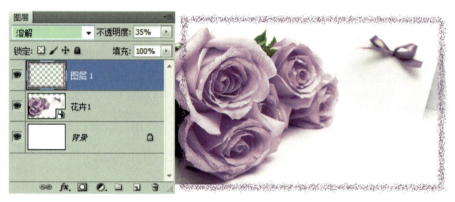

图 9-35　设置参数

（6）执行"文件/置入"命令，置入下载资料文件夹中"项目十\素材\玫瑰 2.jpg"文件，在操作界面中调整对象的位置，按回车键，如图 9-36 所示。

图 9-36　置入文件　　　　　　　　图 9-37　调整形状

（7）点击"玫瑰 2"图层，右击鼠标，在弹出的快捷菜单中选择"栅格化图层"命令。

（8）按 Ctrl+T 快捷键，使用"自由变形工具"调整图像的形状，右击鼠标，在弹出的快捷菜单中选择"斜切"命令，如图 9-37 所示，将光标放置在矩形框上的每个锚上进行移动调整对象。

（9）按住 Ctrl 键，点击"玫瑰 2"图层的缩略图，从而载入选区。

（10）点击"图层"面板下方的"增加图层蒙版"按钮，从而生成图层蒙版。

（11）执行"滤镜/模糊/高斯模糊"命令，如图 9-39 所示进行参数设置。

图 9-38　载入选区　　　　（a）高斯模糊　　　　（b）效果图

图 9-39　设置参数

（12）在"图层"面板中如图 9-40 所示设置参数，将"不透明度"设置为 75%。

（a）设置参数　　　　　　　　　　（b）效果图

图 9-40　设置参数效果

（13）点击工具箱中的"文字"按钮，在操作界面中绘制一个文本框并输入文本，如图 9-41 所示设置参数。

图 9-41　设置参数

项目九　时尚杂志封面设计

(14) 选择"图层"面板中的"花卉 1"图层,然后按 Ctrl+J 快捷键进行复制。
(15) 执行"滤镜/艺术效果/绘画涂抹"命令,如图 9-42 所示进行参数设置。

图 9-42 设置参数

(16) 选择"图层"面板中的"花卉 1"图层,执行"滤镜/艺术效果/木刻"命令,如图 9-43 所示进行参数设置。

图 9-43 参数设置

(17) 选择"图层"面板中的"花卉 1"图层,然后按 Ctrl+J 快捷键进行复制。
(18) 选择"图层"面板中的"花卉 1 副本 2"图层,执行"滤镜/艺术效果/底纹效果"命令,如图 9-44 所示进行参数设置。

图 9-44 设置参数　　　　　　　　图 9-45 设置参数

(19) 选择"图层"面板中的"花卉 1 副本"图层,如图 9-45 所示设置参数。

(20) 选择"图层"面板中的"花卉1副本2"图层,如图9-46所示设置参数。

图9-46 设置参数

项目评价

项目实训评价表

	内容		评价			
	学习目标	评价项目	4	3	2	1
职业能力	能熟练掌握PS的使用方法	熟练使用"字体设计"的方法				
通用能力	交流表达能力					
	与人合作能力					
	沟通能力					
	组织能力					
	活动能力					
	解决问题的能力					
	自我提高的能力					
	创新的能力					
	综合能力					

项目十　计算机会议宣传单设计

通过本项目的实践，同学们利用 Illustrator 能够熟练地绘制椭圆图像并复制对象，并使用"绘画"工具制作网格效果。最后使用 Photoshop 软件的多种效果，合成最终效果，使宣传单的制作效果更加完美。最终效果如图 10-1 所示。

图 10-1　最终效果

技能目标

Illustrator CS5	Photoshop CS5
● 不透明度	● 画笔工具

任务一　制作渐变线条

（1）启动 Illustrator，按 Ctrl＋N 快捷键，如图 10-2 所示设置参数，新建一个文档。

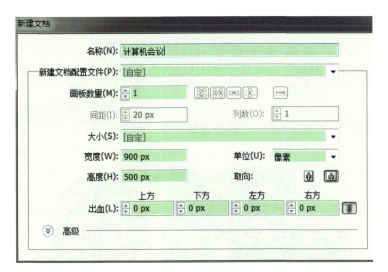

图 10-2　新建文档

（2）点击工具箱中的"矩形"按钮，在操作界面的空白处任意点击鼠标，在弹出的"矩形"对话框中，如图 10-3 所示设置相应参数，最后按回车键。

图 10-3　设置参数

图 10-4　设置参数

(3) 选中(2)中创建的对象,然后打开外观面板,如图 10-4 所示设置参数。
(4) 打开"渐变"面板,如图 10-5 所示设置参数。

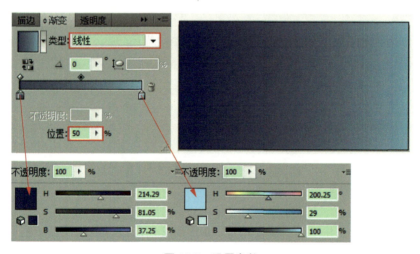
图 10-5　设置参数

(5) 长按工具箱中的"矩形"按钮,在弹出的面板中选择"椭圆";在操作界面的空白处任意点击鼠标,在弹出的"椭圆"对话框中,如图 10-6 所示设置参数,按回车键。
(6) 在外观面板中,如图 10-7 所示设置参数。

图 10-6　设置参数

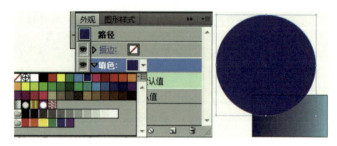
图 10-7　设置参数

(7) 点击工具箱中的"选择"按钮,在操作界面中选择"圆",再点击工具箱中的"滴管"按钮,然后点击一下"矩形"对象,将矩形的颜色吸附过来,如图10-8所示。

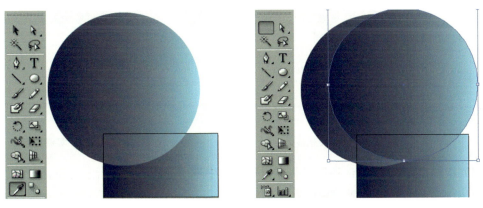

图10-8 吸附颜色　　　　　　图10-9 复制操作

(8)点击工具箱中的"选择"按钮,在操作界面中选中"圆"对象,同时按住Alt键,向右侧拖动进行复制,如图10-9所示。在"外观"面板中,将对象的"填色"设置为"白色",然后将对象的"描边色"设置为"无",最后点击"填色"左侧的三角箭头,选择下拉列表中的"不透明度",在弹出的面板中将"不透明度"设置为"20％",如图10-10所示。

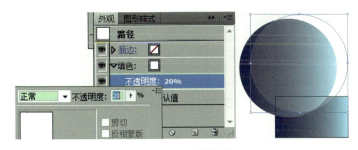

图10-10 设置参数

(9)点击工具箱中的"椭圆"按钮,再在操作界面的空白处任意点击鼠标,在弹出的"椭圆"对话框中,如图10-11所示设置参数,按回车键,如图10-11所示。

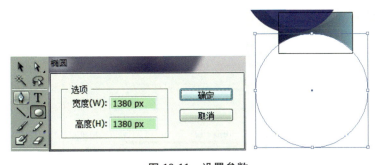

图10-11 设置参数

(10)在"外观"面板中,将对象的"填充色"设置为"蓝色",然后将对象的"描边色"设置为"无",点击"填色"左侧的三角箭头,选择下拉列表中的"不透明度",在弹出的面板中将"不透明度"设置为"10％",如图10-12所示。

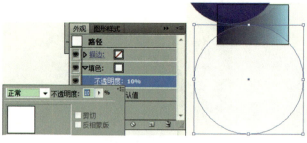
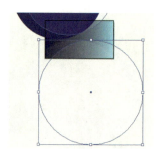

图 10-12　设置参数　　　　　　　　图 10-13　复制对象

（11）点击工具箱中的"选择"按钮，在操作界面中选中如图 10-13 所示对象，同时按住 Alt 键，向右侧拖动从而进行复制，如图 10-13 所示。

（12）在"外观"面板中，点击"填色"左侧的三角箭头，选择下拉列表中的"不透明度"，在弹出的面板中将"不透明度"设置为"20％"，如图 10-14 所示。

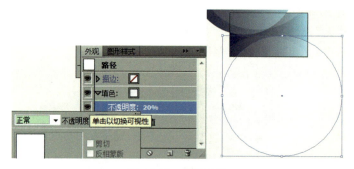

图 10-14　设置参数

（13）执行"文件/导出"命令，在弹出的"导出"对话框中对文件进行保存，文件名为"计算机会议.jpg"，并勾选"使用画板"选项，最后按回车键，如图 10-15 所示。

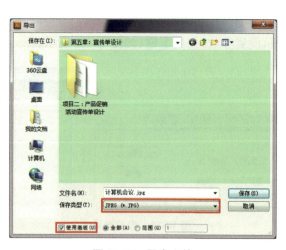

图 10-15　导出文件

任务二　在 Photoshop 中增加网格效果

（1）启动 Photoshop，按 Ctrl＋N 快捷键新建一个文档，如图 10-16 所示设置参数，来制作一个网络笔刷。

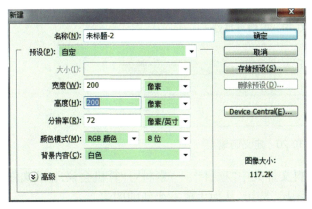

图 10-16　新建文档

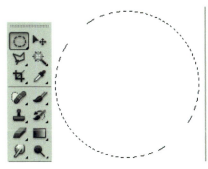

图 10-17　绘制选区

（2）点击"图层"面板下方的"增加新的图层"按钮，从而创建一个新图层。

（3）点击工具箱中的"椭圆选区"按钮，在操作界面中绘制一个椭圆选区，如图 10-17 所示。

（4）右击鼠标，在弹出的快捷菜单中选择"描边"命令，然后在弹出的"描边"对话框中如图 10-18 所示进行参数设置，按 Ctrl＋D 快捷键取消选区。

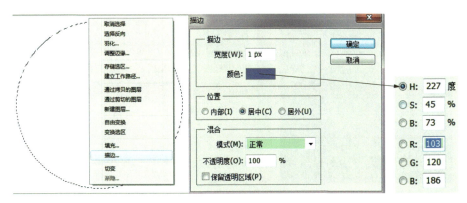

图 10-18　设置参数

（5）点击"图层"面板中的"背景"图层左侧的"指示图层可视性"按钮，取消该图层的可视性，如图 10-19 所示。

（6）执行"编辑/定义画笔预设"命令，在弹出的"画笔名称"对话框中点击"确定"按钮，如图 10-20 所示。

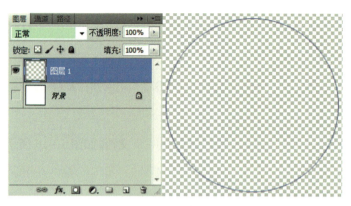

图 10-19 取消可视性

图 10-20 定义画笔

(7) 按 Ctrl+O 快捷键,打开下载资料文件夹中"项目十一\素材\计算机会议.jpg"文件。

(8) 点击"图层"面板下方的"创建新图层"按钮,从而生成一个新的图层。

(9) 点击工具箱中的"画笔"按钮,并将前景色设置为蓝色,如图 10-21 所示。

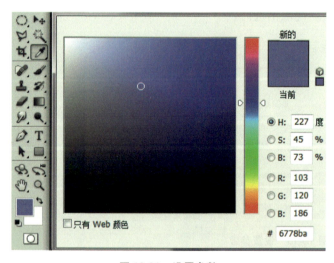

图 10-21 设置参数

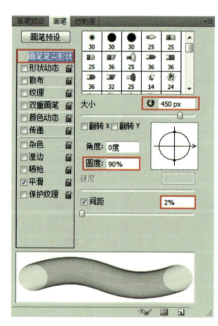

图 10-22 设置参数

(10) 打开"画笔"面板,如图 10-22 所示设置参数,然后在操作界面中绘制一个"C"字形,如图 10-23 所示。

(11) 在"图层"面板中,如图 10-24 所示设置参数。

图 10-23 绘制"C"字形

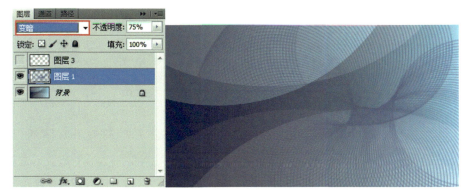

图 10-24 设置参数

任务三 输入文字

(1) 点击工具箱中的"文字"按钮,在操作界面中绘制一个文本框并输入文字,如图 10-25 所示。

图 10-25 输入文字

图 10-26 设置参数

(2) 在"字符"面板中如图 10-26 所示进行参数设置。
(3) 点击"图层"面板下方的"增加新的图层样式"按钮,在弹出的快捷菜单中选择"投影"

命令，然后在弹出的"图层样式"对话框中如图 10-27 所示进行参数设置。

（4）再次点击工具箱中的"文字"按钮，在操作界面中输入图 10-28 所示文字。

（5）在"字符"面板中如图 10-29 所示进行参数设置。

（6）再次点击工具箱中的"文字"按钮，在操作界面中如图 10-30 所示输入文字。

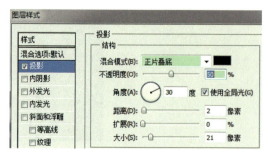

图 10-27　设置参数

图 10-28　输入文字

图 10-29　设置参数

图 10-30　输入文字

（7）在"字符"面板中如图 10-31 所示进行参数设置，并将"图层"面板的"不透明度"设置为"45％"，如图 10-31 所示。

图 10-31　设置参数

知识点与技能

1．画笔面板概述

在"画笔"面板中，可以从"画笔预设"选项板中选择预设画笔，还可以修改现有画笔并设计新的自定义画笔。"画笔"面板包含一些可用于确定如何向图像应用颜料的画笔笔尖选项。

对于标准画笔笔尖，可设置"画笔"面板中的以下选项：

(1) 大小

控制画笔大小，输入以像素为单位的值，或拖动滑块，如图 10-32 所示。

（a）在默认位置的　　（b）选中"翻转 X"　　（c）选中"翻转 X"
　　　画笔笔尖　　　　　　　　　　　　　　　　 和"翻转 Y"

图 10-32　具有不同直径值的画笔描边　　　图 10-33　将画笔笔尖在其 X 轴上翻转

(2) 使用取样大小

将画笔复位到它的原始直径。只有在画笔笔尖形状是通过采集图像中的像素样本创建的情况下，此选项才可用。

(3) 翻转 X 轴

改变画笔笔尖在其 X 轴上的方向，如图 10-33 所示。

(4) 翻转 Y 轴

改变画笔笔尖在其 Y 轴上的方向，如图 10-34 所示。

（a）在默认位置的　（b）选中"翻转 Y"　（c）选中"翻转 Y"
　　　画笔笔尖　　　　　　　　　　　　　　　 和"翻转 X"

图 10-34　将画笔笔尖在其 Y 轴上翻转　　　图 10-35　带角度的画笔创建雕刻状描边

(5) 角度

指定椭圆画笔或样本画笔的长轴从水平方向旋转的角度。键入度数，或在预览框中拖动水平轴，如图 10-35 所示。

(6) 圆度

指定画笔短轴和长轴之间的比率，如图 10-36 所示。输入百分比值，或在预览框中拖动点。100%表示圆形画笔，0%表示线性画笔，介于两者之间的值表示椭圆画笔。

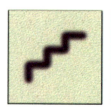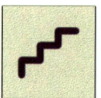

图 10-36　调整圆度以压缩画笔笔尖形状　　　　图 10-37　具有不同硬度值的画笔描边

(7) 硬度

控制画笔硬度中心的大小,如图 10-37 所示键入数字,或者使用滑块输入画笔直径的百分比值。不能更改样本画笔的硬度。

(8) 间距

控制描边中两个画笔笔迹之间的距离,如图 10-38 所示。

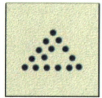

图 10-38　增大间距可使画笔急速改变

2. 指定选定图层的整体和填充的不透明度

图层的整体不透明度用于确定它遮蔽或显示其下方图层的程度。不透明度为 1% 的图层看起来几乎是透明的,而不透明度为 100% 的图层则显得完全不透明。

除了设置整体不透明度(影响应用于图层的任何图层样式和混合模式)以外,还可以指定填充不透明度。填充不透明度仅影响图层中的像素、形状或文本,而不影响图层效果(例如投影)的不透明度。

注:背景图层或锁定图层的不透明度是无法更改的。

项目实训八　计算机会议宣传单设计 2

(1) 启动 Illustrator,按 Ctrl+N 快捷键,如图 10-39 所示设置参数,新建一个文档。

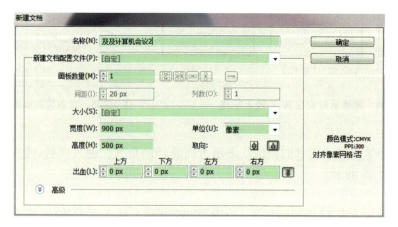

图 10-39　新建文档

（2）点击工具箱中的"矩形"按钮，在操作界面的空白处任意点击鼠标，在弹出的"矩形"对话框中，如图10-40设置参数，按回车键。

（3）选中（2）中创建的对象，打开外观面板，如图10-41所示设置参数。

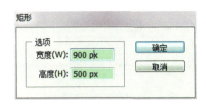

图10-40　设置参数

图10-41　设置参数

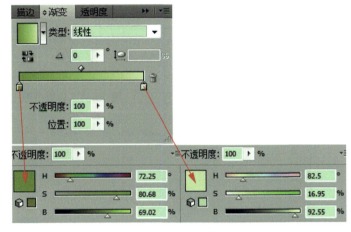

图10-42　设置参数

（4）打开"渐变"面板，将"类型"设置为"线性"，其余参数设置如图10-42所示。

（5）点击工具箱中的"椭圆"按钮，并将填充色设置为"白色"，在操作界面中绘制多个椭圆，如图10-43所示。

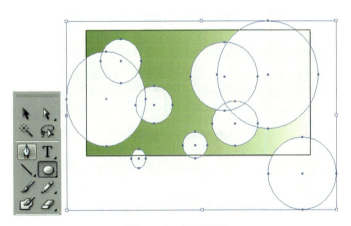

图10-43　绘制椭圆

（6）点击工具箱中的"选择"按钮，按住Shift键，在操作界面中选择几个椭圆，打开"外观"面板，点击"填色"左侧的三角箭头，再点击下拉列表中的"不透明度"操作界面，在弹出的面板中将"不透明度"设置为"30％"，如图10-44所示。

（7）按照上述相同的操作步骤，分别如图10-45、图10-46所示设置参数。

（8）选中所有椭圆对象，点击"外观"面板下方的"增加新效果"按钮，在弹出的快捷菜单中选择"模糊/径向模糊"命令，在弹出的"径向模糊"对话框中，将中心模糊的中心点调整到箭头的位置并设置参数，如图10-47所示。

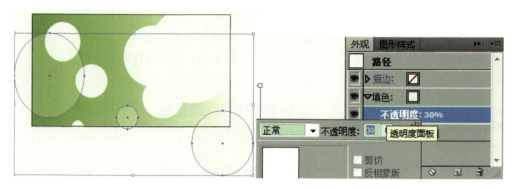

图 10-44　设置参数

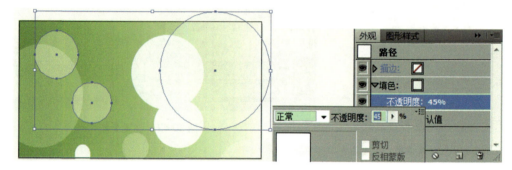

图 10-45　设置参数

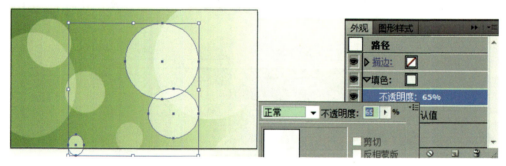

图 10-46　设置参数

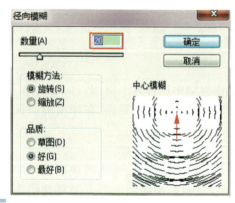

图 10-47　设置参数

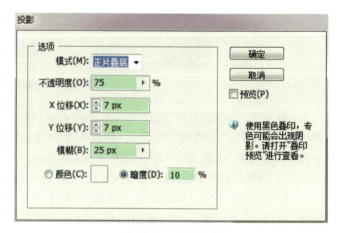

图 10-48　设置参数

(9) 再次选中所有椭圆对象,点击"外观"面板下方的"增加新效果"按钮,在弹出的快捷菜单中选择"风格化/投影"命令,在弹出的"投影"对话框中如图10-48所示进行设置。

(10) 执行"文件/导出"命令,将文件以"计算机会议2.jpg"保存,勾选"使用画板"选项,按回车键。

(11) 点击工具箱中的"文字"按钮,如图10-49所示输入文字。

(12) 在"字符"面板中如图10-50所示进行设置。

图 10-49　输入文字　　　　　　　　图 10-50　设置参数

(13) 点击"图层"面板下方的"增加新的图层样式"按钮,在弹出的快捷菜单中选择"投影"命令,在弹出的"图层样式"对话框中,如图10-51所示进行设置。

(14) 再次点击工具箱中的"文字"按钮,如图10-52所示输入文字。

(15) 在"字符"面板中如图10-53所示进行参数设置。

(16) 最后点击工具箱中的"文字"按钮,如图10-54所示输入文字。

(17) 在"字符"面板中如图10-55所示进行参数设置,并将图层面板的"不透明度"设置为"45%",最终效果如图10-56所示

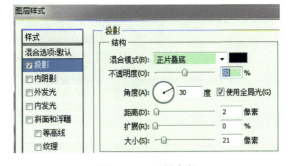

图 10-51　设置参数

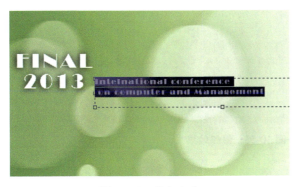

图 10-52　输入文字　　　　　　　　图 10-53　设置参数

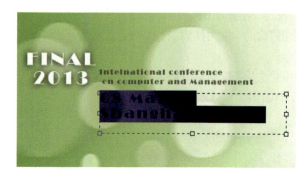

图 10-54　输入文字

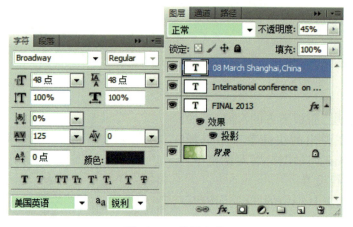

图 10-55　设置参数

图 10-56　最终效果

项目评价

项目实训评价表

	内容		评价			
	学习目标	评价项目	4	3	2	1
职业能力	能熟练掌握Photoshop的使用方法	熟练使用"不透明度"工具				
	能熟练掌握AI的使用方法	熟练使用"画笔工具"面板				
通用能力	交流表达能力					
	与人合作能力					
	沟通能力					
	组织能力					
	活动能力					
	解决问题的能力					
	自我提高的能力					
	创新的能力					
综合能力						

项目十一　产品促销活动宣传单设计

通过本项目的实践,同学们利用 Illustrator 能够熟练地绘制矩形对象,并使用旋转工具旋转复制对象。最后使用 Photoshop 的多种滤镜效果,合成最终效果,使宣传单的制作效果更加完美。最终效果如图 11-1 所示。

图 11-1　最终效果

技能目标

Illustrator CS5	Photoshop CS5
● 旋转工具	● 蒙版工具

任务一　准备素材,并放置在适当位置

(1) 启动 Illustrator,按 Ctrl＋N 快捷键,如图 11-2 所示设置参数,新建一个文档。
(2) 点击工具箱中的"矩形"按钮,并将对象的"描边色"设置为"无","填充色"设置为"白色",然后在操作界面的空白处任意点击鼠标,在弹出的"矩形"对话框中,如图 11-3 所示设置参数,按回车键来。
(3) 点击工具箱中的"旋转"按钮,按住 Alt 键,同时在操作界面中点击鼠标,确定旋转的中心,在弹出的"旋转"对话框中,如图 11-4 所示设置参数然后点击"复制"按钮。

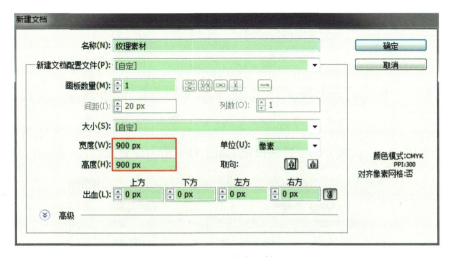

图 11-2　新建文档

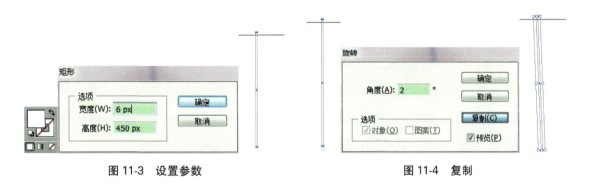

图 11-3　设置参数　　　　　　　　图 11-4　复制

（4）按 Ctrl＋D 快捷键重复复制操作，使其围着中心点复制出一圈矩形，如图 11-5 所示。

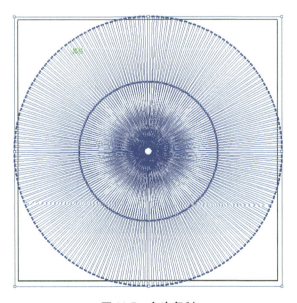

图 11-5　多次复制

(5) 按 Ctrl+S 快捷键，保存 AI 文档。

任务二　在 Photoshop 中制作光感效果

(1) 启动 Photoshop，按 Ctrl+N 快捷键，如图 11-6 所示设置参数，新建一个文档。

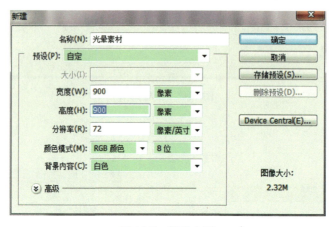

图 11-6　新建文档

(2) 点击"通道"面板下方的"新建通道"按钮，新建一个"Alpha1"通道。
(3) 点击工具箱中的"渐变"按钮，在选项栏中点击"线性渐变"按钮，然后在操作界面中从上至下绘制渐变，如图 11-7 所示。

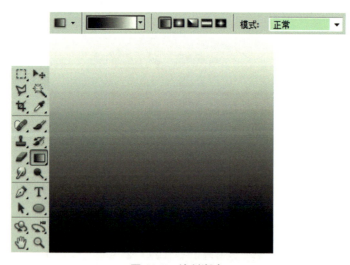

图 11-7　绘制渐变

(4) 执行"滤镜/扭曲/波浪"命令，在弹出的"波浪"对话框中如图 11-8 所示设置参数。
(5) 执行"滤镜/扭曲/极坐标"命令，在弹出的"极坐标"对话框中如图 11-9 所示设置参数。

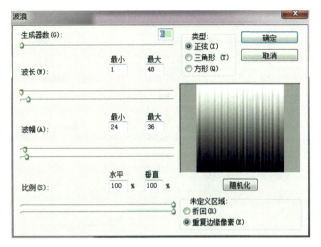

图 11-8 设置参数

图 11-9 设置参数

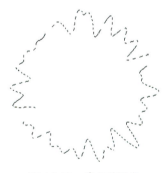

图 11-10 填充前景色

(6) 按住 Ctrl 键,同时点击"Alpha1"通道缩略图,从而载入选区。

(7) 点击"图层"面板下方的"新建图层"按钮,并设置前景色为白色。按 Alt+Delete 快捷键快速填充前景色,最后按 Ctrl+D 快捷键取消选区,如图 11-10 所示。

(8) 按 Ctrl+S 快捷键,保存 PS 文档,并命名为"光晕素材.PSD"。

任务三 在 Photoshop 中合并效果

(1) 启动 Photoshop,按 Ctrl+N 快捷键,如图 11-11 所示设置参数,新建一个文档。

(2) 双击工具箱中的"前景色"按钮,在弹出的"拾色器(前景色)"对话框中输入参数,然后按 Alt+Delete 快捷键快速填充颜色,如图 11-12 所示。

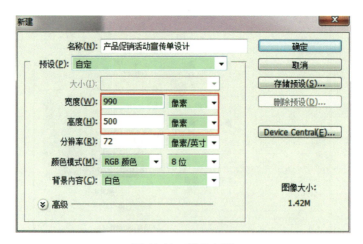

图 11-11　新建文档

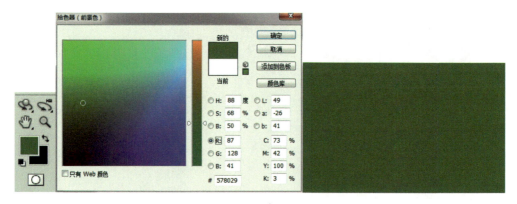

图 11-12　填充颜色

（3）打开 AI 文档素材，选中所有对象。按 Ctrl＋C 快捷键进行复制，再打开 Photoshop，按 Ctrl＋V 快捷键进行粘贴，在弹出的"粘贴"对话框中，选择"像素"，按回车键，如图 11-13 所示。

图 11-13　粘贴对象

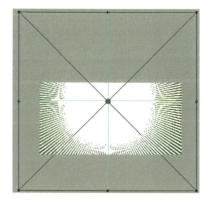

图 11-14　调节大小

（4）将光标放置在锚点上，调节到适当的大小后按回车键确认，如图 11-14 所示。

（5）执行"滤镜/模糊/高斯模糊"命令，在弹出的"高斯模糊"对话框中如图 11-15 所示进行参数设置，按回车键。

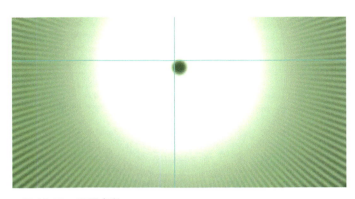

图 11-15　设置参数

（6）如图 11-16 所示，在"图层"面板中设置参数。

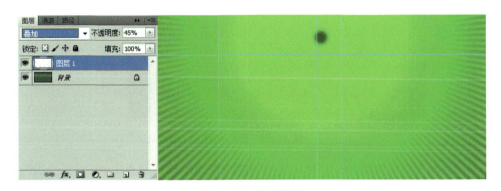

图 11-16　设置参数

（7）点击"图层"面板下方的"增加图层蒙版"按钮，并选中"图层 1"图层的蒙版。

（8）点击工具箱中的"渐变"按钮。在选项栏中，点击"径向渐变"按钮，并勾选"反向"选项前面的√，如图 11-17 所示。

图 11-17　设置渐变参数

（9）在操作界面中绘制渐变，如图 11-18 所示。

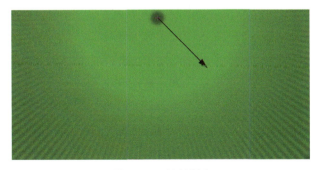

图 11-18　绘制渐变

（10）打开下载资料文件夹中"项目十二\素材\光晕素材.psd"文件，选中"图层1"并按住鼠标左键不放，将"图层1"图层拖至该文档中，如图11-19所示。

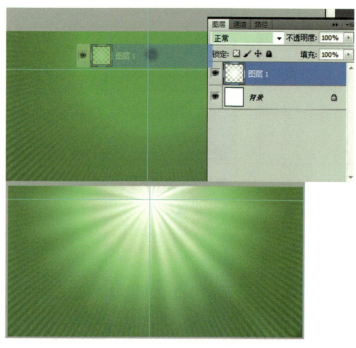

图11-19　拖动文件

（11）按Ctrl+T快捷键，使用"自由变换"命令，将光标放在锚点上，调节到适当的大小后按回车键确认，如图11-20所示。

图11-20　调节大小

（12）如图11-21所示更改设置。

（13）点击"图层"面板下方的"增加图层蒙版"按钮，并选中"图层2"图层的蒙版。

（14）点击工具箱中的"渐变"按钮，在选项栏中，点击"径向渐变"按钮，并勾选"反向"选项前的"√"，如图11-22所示。

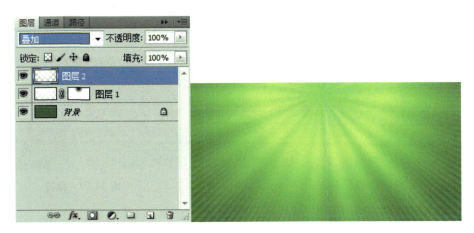

图 11-21 更改设置

图 11-22 设置渐变

（15）在操作界面中从内向外绘制渐变路径，如图 11-23 所示。

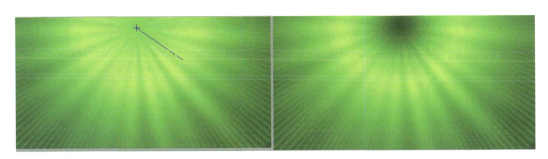

图 11-23 绘制渐变

（16）点击工具箱中的"文字"按钮，如图 11-24 所示输入文字。

图 11-24 输入文字　　　　　　　　图 11-25 设置参数

（17）在"字符"面板中如图 11-25 所示进行参数设置。

（18）点击"图层"面板下方的"增加新的图层样式"按钮，在弹出的快捷菜单中选择"投影"命令，然后在弹出的"图层样式"对话框中如图 11-26 所示进行设置。

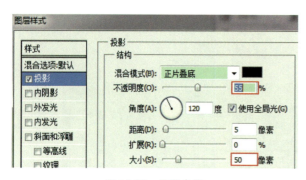

图 11-26　设置参数

图 11-27　翻转

(19) 在"图层"面板中,选中"40%SALE"图层,按 Ctrl+J 快捷键,复制图层。

(20) 按 Ctrl+T 快捷键,使用"自由变换"命令。右击鼠标,在弹出的快捷菜单中选择"垂直翻转"命令,并移动对象到适当的位置,如图 11-27 所示。

(21) 在"图层"面板中,将"40%SALE 副本"图层移至"40%SALE"图层下方,如图 11-28 所示。

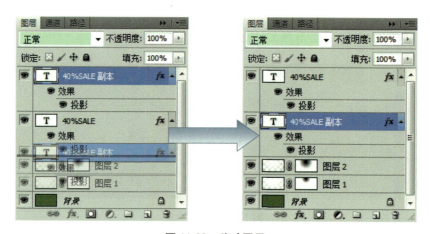

图 11-28　移动图层

(22) 点击"图层"面板下方的"增加图层蒙版"按钮,为"40%SALE 副本"图层增加一个蒙版,如图 11-29 所示。

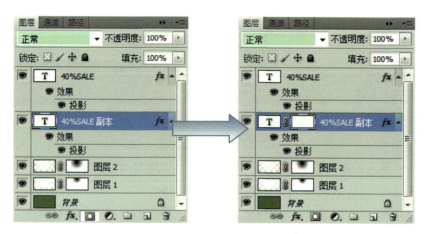

图 11-29　增加面板

（23）点击工具箱中的"渐变"按钮，在选项栏中，点击"线性渐变"按钮，如图11-30所示。

图11-30 渐变

（24）在操作界面中从内向外绘制路径渐变，如图11-31所示。

图11-31 绘制渐变

（25）点击工具箱中的"文字"按钮，如图11-32所示输入文字，并打开"字符"面板进行参数设置。

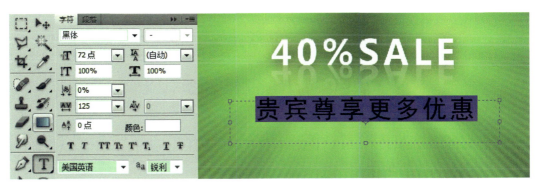

图11-32 输入文字

（26）如图11-33所示再次输入文字，并打开"字符"面板进行参数设置。

图11-33 输入文字

> 知识点与技能

1. 旋转对象

旋转对象功能可使对象围绕指定的固定点翻转。默认的参考点是对象的中心点。如果选区中包含多个对象,则这些对象将围绕同一个参考点旋转,默认情况下,这个参考点为选区的中心点或定界框的中心点。若要使每个对象都围绕其自身的中心点旋转,可使用"分别变换"命令。

注:若想以圆形图案的形式围绕一个参考置入对象的多个副本,请将参考点从对象的中心移开,并单击"复制",然后重复执行"对象/变换/再次变换"命令。

2. 图层蒙版

图层蒙版是与分辨率相关的位图图像,可使用绘画或选择工具进行编辑。图层蒙版控制要添加的图层的可见性。可编辑图层蒙版以在被蒙版区域中进行添加或减去操作,而不会丢失图层像素。

图层蒙版是一种灰度图像,因此用黑色绘制的区域将被隐藏,用白色绘制的区域是可见的,而用灰度梯度绘制的区域则会出现在不同层次的透明区域中。可使用画笔或橡皮擦来涂抹蒙版。

项目实训九　制作明信片

(1) 启动 Photoshop,按 Ctrl+O 快捷键,打开下载资料文件夹中"项目十二\素材\明信片.jpg"文件,点击"打开"按钮。

(2) 点击工具箱中的"多边形套索"按钮,如图 11-34 所示绘制一个选区。

图 11-34　绘制选区

(3)点击工具箱下方的"以快速蒙版编辑模式"按钮,增加一个快速蒙版。

(4)执行"滤镜/像素化/晶格化"命令,在弹出的"晶格化"对话框中如图 11-35 所示设置参数。

(5)再次点击工具箱中的"快速蒙版"按钮,回到"标准编辑模式",如图 11-36 所示,从而载入选区。

(6)双击"图层"面板中的"背景"图层,在弹出的"新建图层"对话框中点击"确定"按钮,将其变为普通图层,如图 11-37 所示。

(7)按 Ctrl+T 快捷键,使用"自由变换"命令,把旋转中心移至选框的左下底部,再进行旋转操作,如图 11-38 所示调整选区图像的位置,按 Ctrl+D 快捷键来取消选区。

图 11-35 设置参数

(8)在"图层"面板中,新建一个图层,确定"前景色"为白色,按 Alt+Delete 快捷键快速填充白色,并将该图层拖至底层,如图 11-39 所示。

(9)选择"图层 0"图层,点击"图层"面板下方的"添加图层样式"按钮,在弹出的快捷菜单中选择"投影"命令,在弹出的"图层样式"对话框中如图 11-40 所示进行参数设置。最终效果如图 11-41 所示。

图 11-36 返回模式

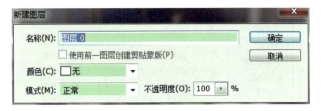

图 11-37 变化图层

图 11-38 旋转并调整

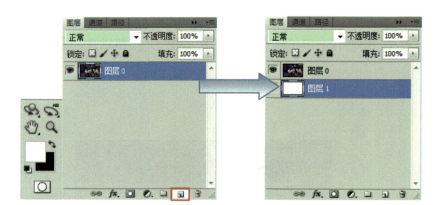

图 11-39 创建图层

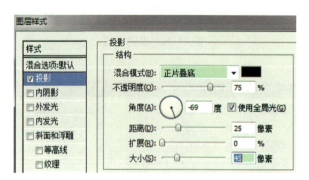

图 11-40 设置参数

图 11-41　最终效果

项目评价

项目实训评价表

	内容		评价			
	学习目标	评价项目	4	3	2	1
职业能力	能熟练掌握Photoshop的使用方法	熟练使用"蒙版"工具				
	能熟练掌握AI的使用方法	熟练使用"旋转"工具				
通用能力	交流表达能力					
	与人合作能力					
	沟通能力					
	组织能力					
	活动能力					
	解决问题的能力					
	自我提高的能力					
	创新的能力					
	综合能力					

项目十一　产品促销活动宣传单设计

插图设计篇

项目十二　卡通人物设计

通过本项目的实践,同学们利用 Illustrator 能够熟练地进行头部和身体的制作,然后导入到 Photoshop 软件中,通过增加图层样式效果处理,使角色对象表现得更加完美。最终效果如图 12-1 所示。

技能目标

Illustrator CS5	Photoshop CS5
● 宽度工具	● 图层样式

图 12-1　最终效果

任务一　制作卡通人物的头部

（1）启动 IIlustrator,按 Ctrl＋N 快捷键,如图 12-2 所示新建文档。

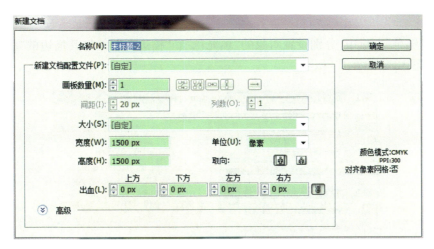

图 12-2　新建文档

（2）常按工具箱中的"矩形"按钮,在弹出的快捷菜单中选择"椭圆工具",然后在操作界面的空白处任意点击鼠标,在弹出的"椭圆"对话框中,如图 12-3 所示设置参数,按回车键。

（3）点击工具箱中的"旋转"按钮,按住 Alt 键,在操作界面中点击椭圆的中心,在弹出的"旋转"对话框中输入参数,如图 12-4 所示。

项目十二　卡通人物设计　183

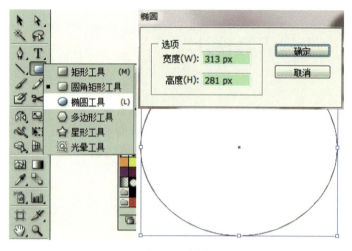

图 12-3 椭圆

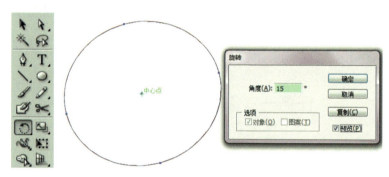

图 12-4 输入参数

(4) 在"颜色"面板中,分别设置对象的"填充色"和"描边色",并将其描边的"粗细"值设置为"3pt",如图 12-5 所示。

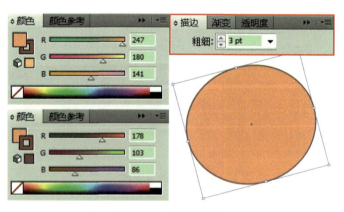

图 12-5 参数设置

(5) 选中对象,点击工具箱中的"钢笔"按钮,并再次点击"内部绘图"按钮,在操作界面中如图 12-6 所示绘制一个图形作为暗部,然后在"颜色"面板中,调整它的填充色。

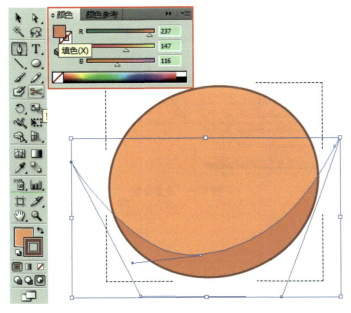

图 12-6 绘制图形并填色

（6）点击工具箱中的"正常绘图"按钮，返回正常绘图模式，如图 12-7 所示。

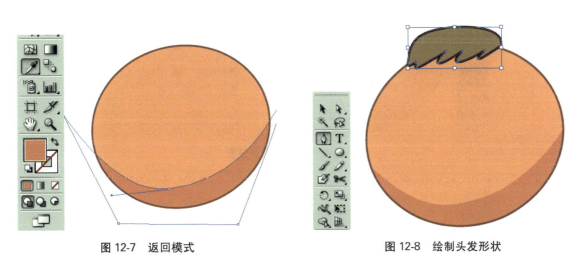

图 12-7 返回模式　　　　　　　图 12-8 绘制头发形状

（7）点击工具箱中的"钢笔"按钮，如图 12-8 所示绘制一个头发形状。

（8）选中"头发"对象，在"颜色"面板中，分别设置（6）中创建对象的"填充色"和"描边色"，并将其描边的"粗细"值设置为"3pt"，如图 12-9 所示。

（9）选中该对象，点击工具箱中的"钢笔"按钮，并点击"内部绘图"按钮，在操作界面中如图 12-10 所示绘制一个图形作为暗部，然后在"颜色"面板中，调整它的填充色，打开"外观"面板，设置不透明度为"30%"。

（10）点击工具箱中的"正常绘图"按钮，返回正常绘图模式。

（11）点击工具箱中的"钢笔"按钮，如图 12-11 所示绘制一个头发的阴影，并在"颜色"面板中设置"填充色"，并将"描边色"设置为"无"。

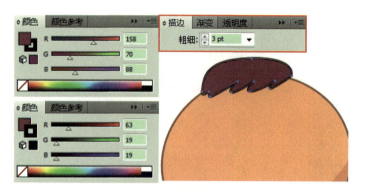

图 12-9 设置参数

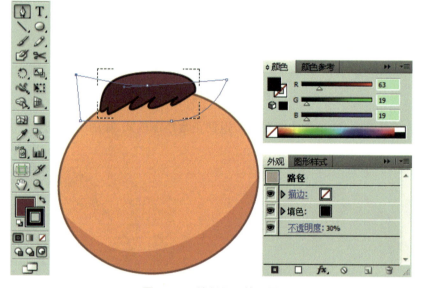

图 12-10 绘制图形并设置

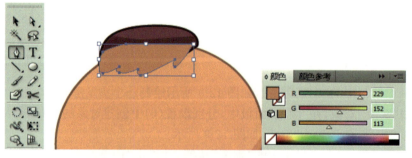

图 12-11 绘制头发阴影并填色

(12) 按 Ctrl+【快捷键,将头发阴影向下移动一层,如图 12-12 所示。

(13) 点击工具箱中的"钢笔"按钮,如图 12-13 所示绘制一条眉毛,并在"颜色"面板中设置"填充色"和"描边色"。

(14) 按照上述相同的操作步骤,绘制另一条眉毛,如图 12-14 所示。

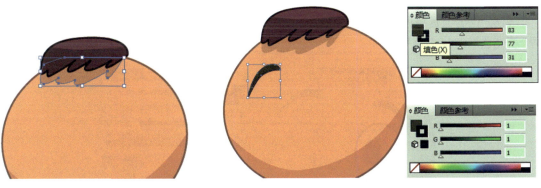

图 12-12　移动阴影　　　　　　　　　图 12-13　绘制眉毛并填色

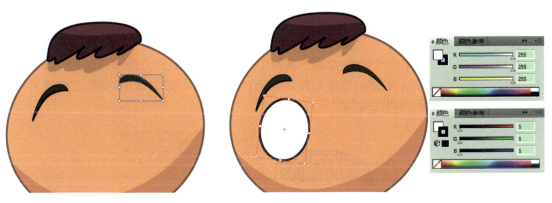

图 12-14　绘制眉毛　　　　　　　　　图 12-15　绘制眼睛

（15）按照上述相同的操作步骤，绘制一个眼睛，参数设置如图 12-15 所示。

（16）选中(14)中创建的对象，点击工具箱中的"钢笔"按钮，并同时点击"内部绘图"按钮，在操作界面中如图 12-16 所示绘制一个图形作为暗部，然后在"颜色"面板中，设置它的填充色参数，打开"外观"面板，设置不透明度为"30%"。

图 12-16　绘制图形并填色

项目十二　卡通人物设计　187

(17) 点击工具箱中的"正常绘图"按钮,返回正常绘图模式。

(18) 点击工具箱中的"钢笔"按钮,如图 12-17 所示绘制一个眼珠,并在"颜色"面板中设置"填充色"和"描边色"。

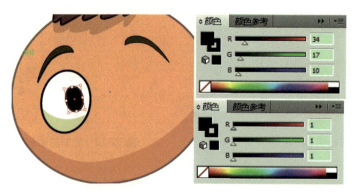

图 12-17 绘制眼珠并填色

(19) 选中(17)中创建的对象,点击工具箱中的"钢笔"按钮,并点击"内部绘图"按钮,在操作界面中如图 12-18 所示绘制一个图形作为暗部,然后在"颜色"面板中,调整它的填充色,打开"外观"面板,设置不透明度为"45%"。

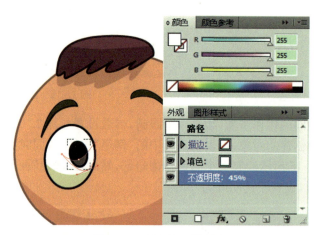

图 12-18 绘制图形并填色

(20) 点击工具箱中的"正常绘图"按钮,返回正常绘图模式。

(21) 点击工具箱中的"钢笔工具",绘制一个眼睛的高光,并在"颜色"面板中设置"填充色",如图 12-19 所示。

(22) 按照上述相同的操作步骤,绘制另一只眼睛,如图 12-20 所示。

(23) 点击工具箱中的"钢笔"按钮,绘制一个嘴巴,并在"颜色"面板中设置"描边色",如图 12-21 所示。

(24) 点击工具箱中的"宽度"按钮,点击鼠标选择路径两端的锚点,向内拖拽来改变描边的宽度,如图 12-22 所示。

(25) 按照上述相同的操作步骤,点击鼠标选择路径中间的锚点,向外拖拽改变描边的宽度,如图 12-23 所示。

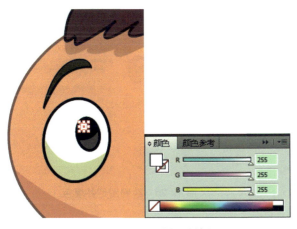

图 12-19 绘制高光并填色

图 12-20 绘制另一只眼睛

图 12-21 绘制嘴巴并填色

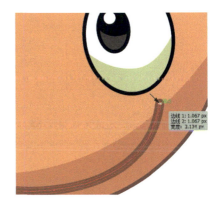

图 12-22 改变描边宽度

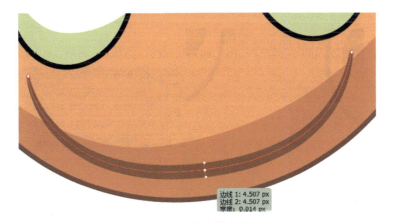

图 12-23 改变描边宽度

（26）点击工具箱中的"钢笔"按钮，绘制一个鼻子，并在"颜色"面板中设置"填充色"参数，如图12-24所示。

（27）选中鼻子，点击工具箱中的"钢笔"按钮，并点击"内部绘图"按钮，在操作界面中如图12-25所示绘制一个图形作为暗部，然后在"颜色"面板中，调整它的填充色参数，打开"外观"

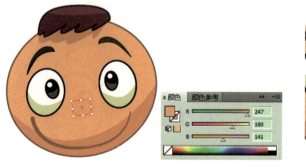

图 12-24 绘制鼻子并填色

图 12-25 绘制图形并填色

面板,设置不透明度为"55%"。

(28)点击"外观"面板下方的"增加新效果"按钮,在弹出的快捷菜单中执行"模糊/高斯模糊"命令,在弹出的"高斯模糊"对话框中如图 12-26 所示设置参数。

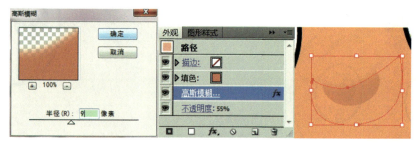

图 12-26 设置参数

(29)点击工具箱中的"正常绘图"按钮,返回正常绘图模式。

(30)点击工具箱中的"椭圆"按钮,在如图 12-27 所示位置绘制一个椭圆,对其进行调整作为鼻子的高光,然后在"颜色"面板中设置"填充色"参数,如图 12-27 所示。

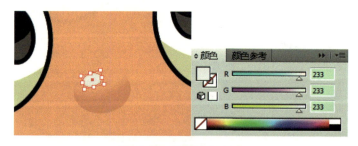

图 12-27 绘制鼻子高光

(31)点击"外观"面板下方的"增加新效果"按钮,在弹出的快捷菜单中执行"模糊/高斯模糊"命令,在弹出的"高斯模糊"对话框中如图 12-28 所示设置参数。

(32)点击工具箱中的"钢笔"按钮,如图 12-29 所示绘制 2 条曲线,并在"颜色"面板中设置"描边色"参数。

(33)点击工具箱中的"椭圆"按钮,在如图 12-30 所示位置绘制一个椭圆,对其进行调整作为耳朵,并在"颜色"面板中设置"填充色"参数。

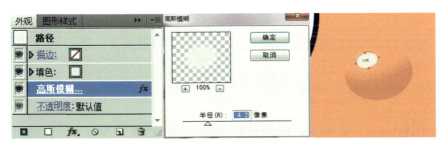

图 12-28　设置参数

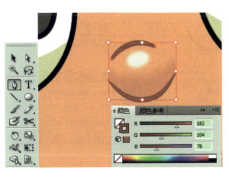

图 12-29　绘制曲线并填色

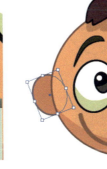

图 12-30　绘制耳朵并填色

（34）选中（32）中创建的对象，点击工具箱中的"钢笔"按钮，并点击"内部绘图"按钮，在操作界面中如图 12-31 所示绘制一个图形作为暗部，然后在"颜色"面板中，调整它的填充色参数。

（35）点击工具箱中的"正常绘图"按钮，返回正常绘图模式。

（36）按照上述相同的操作步骤，绘制另一只耳朵，如图 12-32 所示。

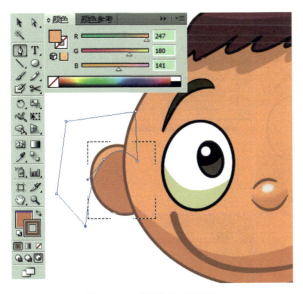

图 12-31　绘制图形并填色

图 12-32　绘制另一只耳朵

任务二　制作身体

（1）在"图层"面板中新建一个图层，并将该图层置于"图层1"图层下方，如图12-33所示。

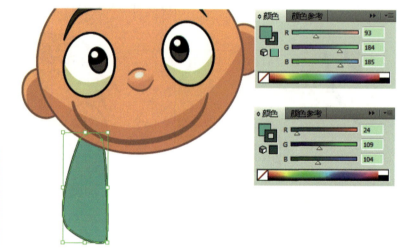

图12-33　新建图层　　　　　　　　图12-34　绘制左臂并填色

（2）点击工具箱中的"钢笔"按钮，如图12-34所示绘制左臂，并在"颜色"面板中设置"填充色"和"描边色"参数。

（3）选中（2）中创建的对象，点击工具箱中的"钢笔"按钮，并点击"内部绘图"按钮，在操作界面中如图12-35所示绘制一个图形作为暗部，然后在"颜色"面板中，调整它的填充色参数，打开"外观"面板，设置不透明度为"50％"。

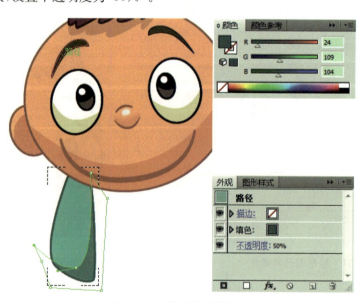

图12-35　绘制图形并填色

(4) 点击工具箱中的"正常绘图"按钮,返回正常绘图模式。

(5) 点击工具箱中的"钢笔"按钮,如图 12-36 所示绘制左手,并在"颜色"面板中设置"填充色"和"描边色"参数。

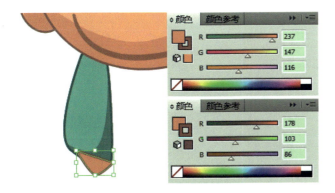

图 12-36　绘制右手并填色

图 12-37　移动右手

(6) 按 Ctrl+【快捷键,将(5)中创建的对象向下移动一层,如图 12-37 所示。

(7) 按照上述相同的操作步骤绘制另一只手,如图 12-38 所示。

图 12-38　绘制另一只手

图 12-39　绘制衣服并填色

(8) 点击工具箱中的"钢笔"按钮,如图 12-39 所示绘制一件衣服,并在"颜色"面板中设置"填充色"和"描边色"参数。

(9) 选中(8)中创建的对象,点击工具箱中的"钢笔"按钮,并点击"内部绘图"按钮,在操作界面中如图 12-40 所示绘制一个图形作为暗部,然后在"颜色"面板中,调整它的填充色。

(10) 点击工具箱中的"正常绘图"按钮,返回正常绘图模式。

(11) 点击工具箱中的"钢笔"按钮,如图 12-41 所示绘制一个图形,并在"颜色"面板中设置"填充色"参数。

(12) 选中(11)中创建的对象,点击工具箱中的"钢笔"按钮,并点击"内部绘图"按钮,在操作界面中如图 12-42 所示绘制一个图形作为暗部,然后在"颜色"面板中,调整它的填充色参数。

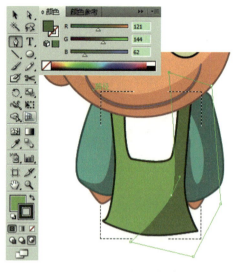

图 12-40 绘制形状并填色

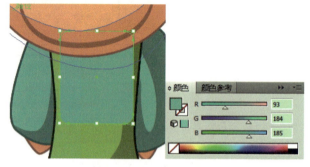

图 12-41 绘制图形并填色

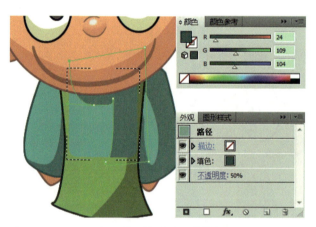

图 12-42 绘制图形并填色

图 12-43 移动对象

(13)点击工具箱中的"正常绘图"按钮,返回正常绘图模式。

(14)按 Ctrl+【快捷键,将(12)中创建的对象向下移动一层,如图 12-43 所示。

(15)点击工具箱中的"钢笔"按钮,如图 12-44 所示绘制左脚,并在"颜色"面板中设置"填充色"和"描边色"。

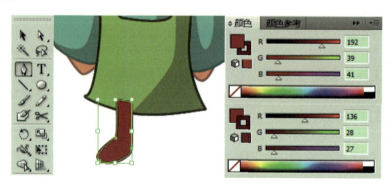

图 12-44 绘制左脚并填色

(16) 选中(15)中创建的对象,点击工具箱中的"钢笔"按钮,并点击"内部绘图"按钮,在操作界面中如图 12-45(a)所示绘制一个图形作为暗部,然后在"颜色"面板中,调整它的填充色。点击工具箱中的"正常绘图"按钮,返回正常绘图模式。

(17) 按 Ctrl+【快捷键,将(16)中创建的对象向下移动一层,如图 12-45(b)所示。

(18) 按照上述相同的操作步骤绘制右脚,如图 12-46 所示。

(a) 绘制　　　　　　　　(b) 移动

图 12-45　绘制并移动对象

图 12-46　绘制右脚

任务三　导入 PS 增加效果

(1) 启动 Photoshop,按 Ctrl+N 快捷键,如图 12-47 所示设置参数,新建一个文档。

(2) 打开任务二中创建的 AI 文件,选中所有对象。按 Ctrl+C 快捷键进行复制,再打开 Photoshop,按 Ctrl+V 快捷键粘贴对象,在弹出的"粘贴"对话框中,选择"智能对象",按回车键,如图 12-48 所示。

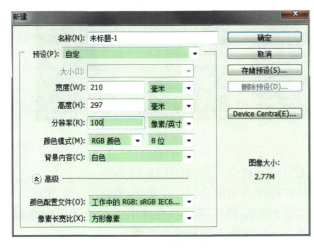

图 12-47　新建文档

图 12-48　导入 AI 文件

(3)点击"图层"面板下方的"创建新的图层样式"按钮,在弹出的快捷菜单中选择"投影"命令,在弹出的"图层样式"对话框中如图12-49所示进行参数设置。

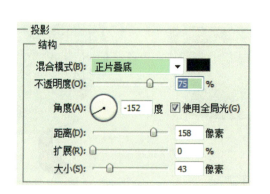

图12-49　设置投影参数

(4)执行"文件/置入"命令,置入下载资料文件夹中"项目十三\素材\墙体.jpg"文件,在操作界面中调整其大小,按回车键,如图12-50所示。

图12-50　置入文件　　　　　　　图12-51　移动图层

(5)在"图层"面板中,将"墙体"图层向下移动一层,如图12-51所示。

(6)点击工具箱中的"矩形"按钮,在操作界面中绘制一个矩形,如图12-52所示。

(7)点击"图层"面板下方的"创建新的图层样式"按钮,在弹出的快捷菜单中选择"投影"命令,在弹出的"图层样式"对话框中如图12-53所示进行参数设置。

图 12-52　绘制矩形

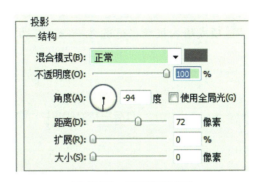

图 12-53　设置投影参数

知识点与技能

1. "宽度"工具

"宽度"工具可以在"工具"面板中提供。它允许你创建可变宽度笔触并将宽度变量保存为可应用到其他笔触的配置文件。

当你的鼠标使用"宽度"工具滑过一个笔触时，带句柄的中空钻石形图案将出现在路径上，此时可以调整笔触宽度、移动宽度点数、复制宽度点数和删除宽度点数。

对于多个笔触，"宽度"工具仅调整活动笔触。如果想要调整笔触，请确保已在"外观"面板中将其选为活动笔触。

2. "宽度"工具的使用

"宽度"工具在调整宽度变量时将区别连续点和非连续点。

若要创建非连续宽度点，请执行以下操作：

① 使用不同笔触宽度在一个笔触上创建两个宽度点数，如图 12-54 所示。

图 12-54　两个不同笔触宽度的点

图 12-55　将一个宽度点数拖动到另一个宽度点数

② 将一个宽度点数拖动到另一个宽度点数上来为该笔触创建一个非连续宽度点数，如图 12-55 所示。

注：在"笔触选项"对话框中还原默认宽度配置，删除任何自定义保存的配置。如果将变量宽度配置应用到笔触，随后它将在"外观"面板中以星号（*）表示出来。对于艺术画笔和图案

画笔,使用"变量宽度"工具编辑画笔路径或应用"宽度配置"预设之后,将为"笔触选项"对话框中的尺寸自动选择"宽度点数/配置文件"选项。若要删除任何宽度配置更改,请选择尺寸的"修复"选项或输入板数据通道之一(如:压力)来还原输入板数据选项。

项目实训十　Q版卡通角色制作

(1) 启动 IIIustrator,按 Ctrl+N 快捷键,如图 12-56 所示设置参数,新建一个文档。

图 12-56　新建文档

(2) 点击工具箱中的"钢笔"按钮,如图 12-57 所示绘制身体,并在"颜色"面板中设置"填充色"和"描边色"参数。

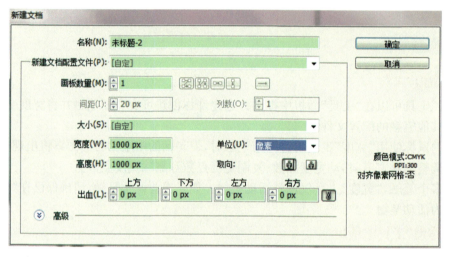

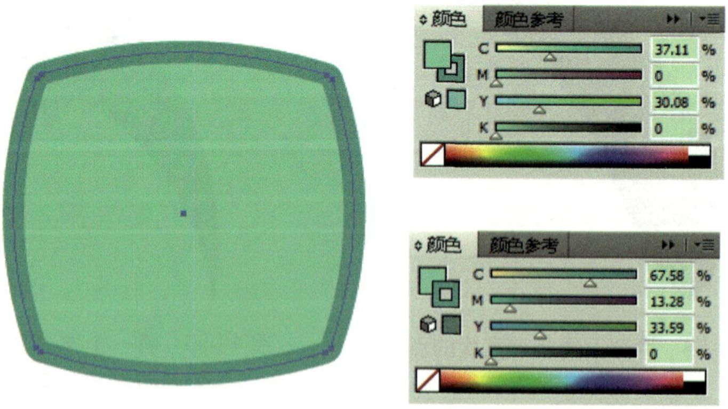

图 12-57　绘制身体并填色

(3) 点击工具箱中的"椭圆"按钮,如图 12-58 所示绘制一个椭圆,并调整其位置,然后在"颜色"面板中设置"填充色"参数。

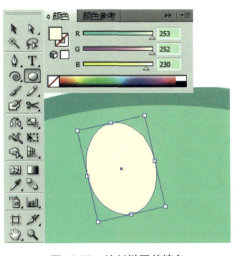
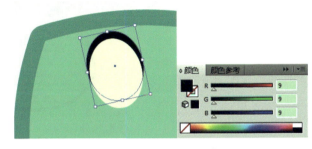

图 12-58　绘制椭圆并填色　　　　　　图 12-59　绘制椭圆并填色

（4）再次点击工具箱中的"椭圆"按钮，如图12-59所示绘制一个椭圆，并调整其位置作为眼睫毛，然后在"颜色"面板中设置"填充色"参数。

（5）按照上述相同的操作步骤绘制一个眼珠和高光，参数设置分别如图12-60 图12-61所示。

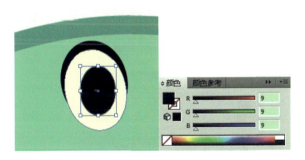
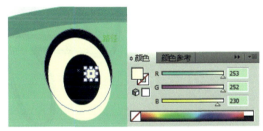

图 12-60　绘制椭圆并填色　　　　　　图 12-61　绘制椭圆并填色

（7）点击工具箱中的"钢笔"按钮，如图12-62所示绘制眉毛，并在"颜色"面板中设置"填充色"。

图 12-62　绘制眉毛并填色　　　　　　图 12-63　绘制眉毛

（8）按照上述相同的操作步骤绘制另一边的眉毛，如图12-63所示。

(9) 点击工具箱中的"钢笔"按钮,如图 12-64 所示绘制一个嘴巴,并在"描边"面板中设置"粗细"值。

图 12-64　绘制嘴巴

(10) 点击工具箱中的"钢笔"按钮,如图 12-65 所示绘制左腿,并在"颜色"面板中设置"填充色"和"描边色"。

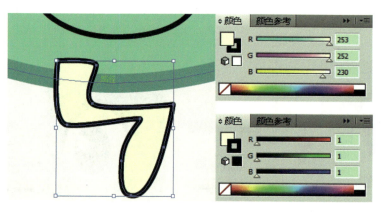

图 12-65　绘制左脚并填色

(11) 按 Ctrl+【快捷键数次,将(10)中创建的对象移动到底层,如图 12-66 所示。

图 12-66　移动对象　　　　　　图 12-67　效果图

(12) 按照上述相同的操作步骤,完成其余部位的绘制,如图 12-67 所示。

项目评价

项目实训评价表

	内容		评价			
	学习目标	评价项目	4	3	2	1
职业能力	能熟练掌握 AI 的使用方法	熟练使用"宽度工具"				
通用能力	交流表达能力					
	与人合作能力					
	沟通能力					
	组织能力					
	活动能力					
	解决问题的能力					
	自我提高的能力					
	创新的能力					
	综合能力					

项目十三 动漫场景绘制

通过本项目的实践，同学们利用 Illustrator 软件能够熟练地进行背景和前景对象的制作，然后导入到 Photoshop 中，增加图层样式效果处理，使卡通场景表现得更加完美。最终效果如图 13-1 所示。

图 13-1　最终效果

技能目标

Illustrator CS5	Photoshop CS5
● 扭曲工具	● 钢笔工具

任务一　在 AI 中制作背景素材

（1）启动 Illustrator，按 Ctrl＋N 快捷键，如图 13-2 所示设置参数，新建一个文档。

（2）点击工具箱中的"矩形"按钮，在操作界面中绘制一个矩形，如图 13-3 所示。

（3）在"渐变"面板中，将"渐变类型"设置为"径向"，如图 13-4 所示设置颜色参数，然后在操作界面中从下至上绘制一个渐变条，如图 13-5 所示。

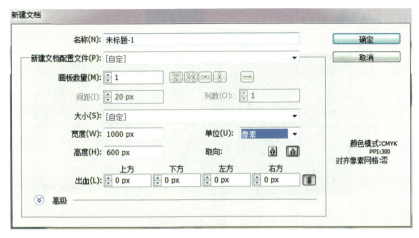

图 13-2 新建文档

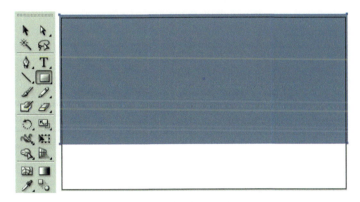

图 13-3 绘制矩形

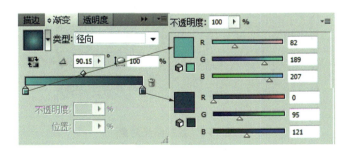

图 13-4 设置参数

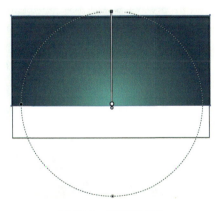

图 13-5 绘制渐变条

(4) 点击工具箱中的"钢笔"按钮,如图 13-6 所示绘制一个图形作为一束阳光,并在颜色面板中设置"填充色"。

图 13-6　绘制图形并填色

(5) 在"渐变"面板中,将渐变"类型"设置为"线性",如图 13-7 所示设置颜色参数,然后在操作界面中从下至上绘制一个渐变条,如图 13-8 所示。

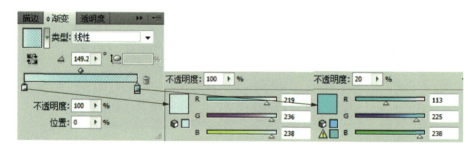

图 13-7　设置参数

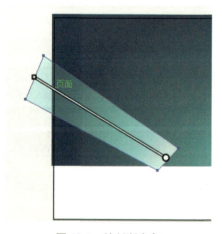

图 13-8　绘制渐变条

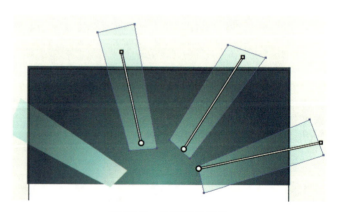

图 13-9　绘制阳光对象

(6) 按照上述相同的操作步骤绘制另外几个阳光对象,效果如图 13-9 所示。

(7) 点击工具箱中的"椭圆"按钮,如图 13-10 所示绘制一个太阳,并在"颜色"面板中设置"填充色"和"描边色"参数。

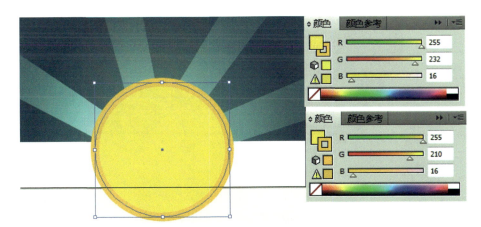

图 13-10　绘制太阳并填色

（8）点击工具箱中的"钢笔"按钮，如图 13-11 所示绘制一个图形，作为云朵并在"颜色"面板中设置"填充色"。

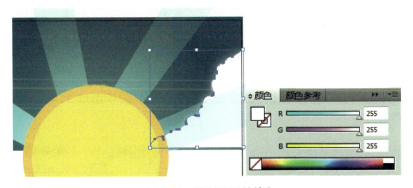

图 13-11　绘制图形并填色

（9）按照上述相同的操作步骤，绘制另外几片云朵，如图 13-12 所示。

图 13-12　绘制云朵

（10）点击工具箱中的"椭圆"按钮，如图 13-13 所示绘制太阳高光，并在"颜色"面板中设置"填充色"。

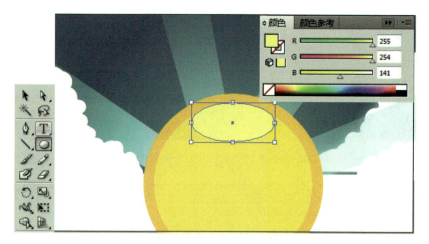

14-13 绘制太阳高光

任务二 制作前景

(1) 点击工具箱中的"钢笔"按钮,如图 13-14 所示绘制前景山坡 1,并在"颜色"面板中设置"填充色"和"描边色"。

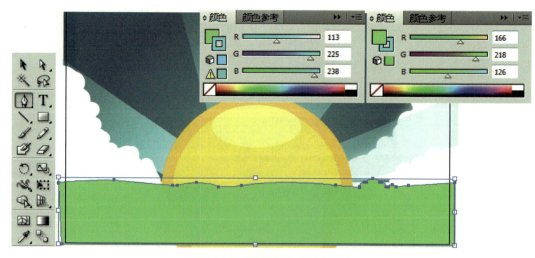

图 13-14 绘制前景山坡 1 并填色

(2) 点击工具箱中的"钢笔"按钮,如图 13-15 所示再绘制一个前景山坡 2,并在"颜色"面板中设置"填充色"和"描边色"参数。

(3) 按 Ctrl+【快捷键,将(2)中创建的对象向下移动一层,如图 13-16 所示。

(4) 按照上述相同的操作步骤,依次绘制前景山坡 3~5,参数设置分别为图 13-17 图 13-18、图 13-19 所示。

206 项目十三 动漫场景绘制

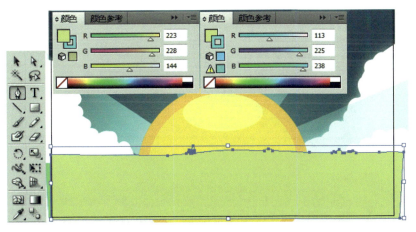

图 13-15　绘制前景山坡 2 并填色

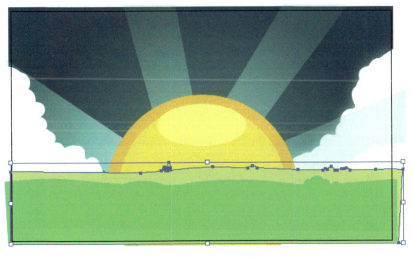

图 13-16　移动对象

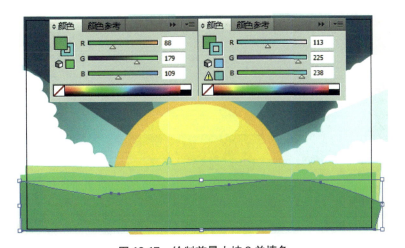

图 13-17　绘制前景山坡 3 并填色

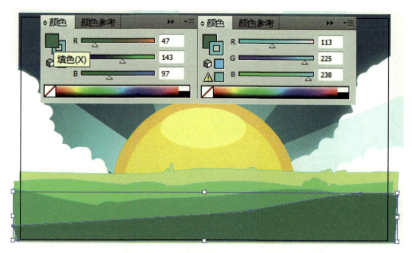

图 13-18　绘制前景山坡 4 并填色

图 13-19　绘制前景山坡 5 并填色

（5）常按工具箱中的"宽度"按钮，在弹出的快捷菜单中选择"晶格化工具"命令，点击前景山坡 5 的边缘，使其变得更有起伏感，增加细节，如图 13-20 所示。

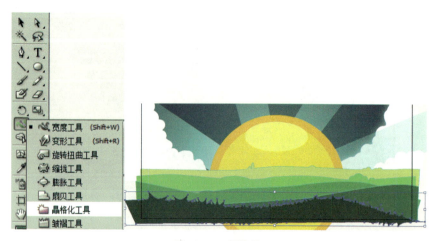

图 13-20　晶格化

（6）点击工具箱中的"钢笔"按钮，如图13-21所示绘制一个图形，并在"颜色"面板中设置"填充色"。

图 13-21　绘制图形并填色

（7）点击工具箱中的"钢笔"按钮，如图13-22所示绘制一个边框，并在"颜色"面板中设置"填充色"和"描边色"，然后在"描边"面板中，将"粗细"值设置为"5pt"。

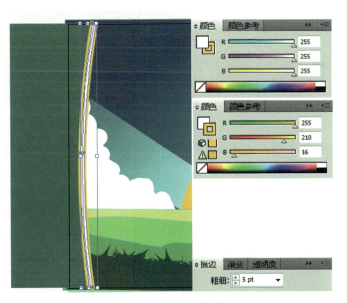

图 13-22　绘制边框并设置参数

（8）打开"图形样式"面板，点击下方的"图像样式库菜单"按钮，在弹出的快捷菜单中选择"艺术纹理"命令，然后在弹出的"艺术纹理"面板中，选择"RGB染色玻璃"效果，如图13-23所示。

图 13-23 染色玻璃效果

(9) 点击"外观"面板下方的"增加新效果"按钮,在弹出的快捷菜单中选择"风格化/投影"命令,然后如图 13-24 所示设置参数。

图 13-24 设置参数

(10) 按照上述相同的操作步骤完成另一边的绘制,如图 13-25 所示。

图 13-25 绘制另一侧

（11）打开"符号"面板，点击下方的"符号库菜单"按钮，在弹出的快捷菜单中选择"原始"命令，然后在弹出的"原始"面板中选择"棚屋"和"树木"符号，将它们拖入操作界面中，如图13-26所示。

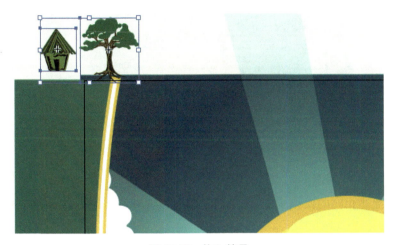

图 13-26　拖入符号

（12）在选项栏中，点击"断开链接"按钮，如图 13-27 所示。

图 13-27　断开链接

（13）选中"棚屋"符号，打开"路径查找器"面板，点击"联集"按钮，将多个形状合成一个形状，并如图 13-28 所示设置颜色参数。

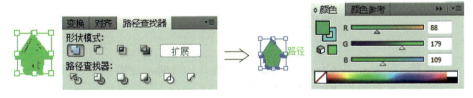

图 13-28　合成图形并填色

（14）按照上述相同的操作步骤完成"树木"符号的操作，颜色参数如图 13-29 所示。

图 13-29　完成图形并填色

(15) 复制(16)中的"树木",将其放在前景山坡上并调整大小和位置,如图 13-30 所示,增加前景的细节。

图 13-30　复制"树木"并调整

(16) 按照上述相同的操作步骤,将"房子"放入山坡中,如图 13-31 所示。

图 13-31　复制"房子"并调整

任务三　导入 PS 加入特效

(1) 启动 Photoshop,按 Ctrl+N 快捷键,如图 13-32 所示设置参数,新建一个文档。

(2) 打开前面任务中创建的 AI 文件,依照图 13-33(a)~(j)的顺序,分别选中各图中相应的对象,按 Ctrl+C 快捷键进行复制,然后打开 Photoshop,按 Ctrl+V 快捷键进行粘贴,在弹出的"粘贴"对话框中,选择"智能对象",按回车键并进行调整。

(3) 选中操作界面中的云朵,点击"图层"面板下方的"创建新的图层样式"按钮,在弹出的快捷菜单中选择"外发光"命令,然后如图 13-34 所示进行参数设置。

(4) 选中前景山坡,点击"图层"面板下端的"创建新的图层样式"按钮,在弹出的快捷菜单中选择"投影"命令,如图 13-35 所示进行参数设置。

(5) 选中太阳,点击"图层"面板下方的"创建新的图层样式"按钮,在弹出的快捷菜单中选择"外发光"命令,如图 13-36 所示进行参数设置。

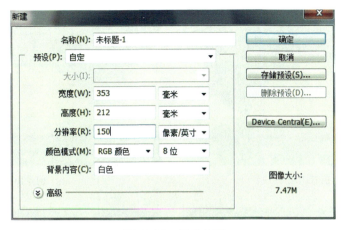

图 13-32　新建文档

（a）阳光

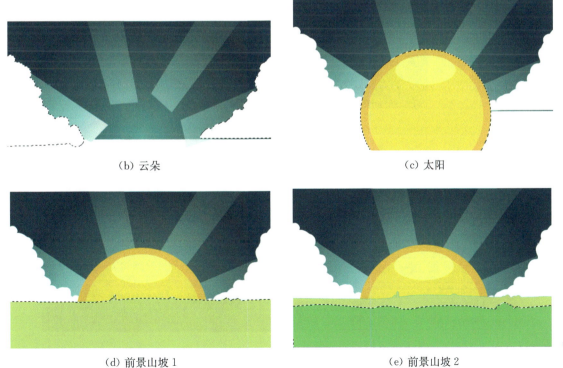

（b）云朵　　　　　　　　　　　　　　（c）太阳

（d）前景山坡 1　　　　　　　　　　　（e）前景山坡 2

(f)前景山坡 3

(g)前景山坡 4

(h)前景山坡 5 和树木

(i)边框

(j)效果图

图 13-33　依次复制粘贴并调整

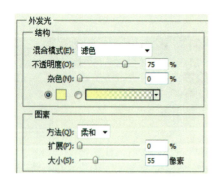

图 13-34　设置参数

图 13-35　设置参数

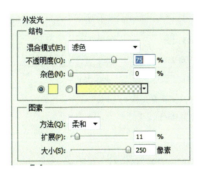

图 13-36　设置参数

知识点与技能

1. 扭曲对象

可通过使用自由变换工具或液化工具来扭曲对象。如果要任意进行扭曲，请使用自由变换工具；如果要利用特定的预设扭曲（如：旋转扭曲、收缩或皱褶），请使用液化工具。

2. 使用自由变换工具扭曲对象

具体操作步骤如下：

① 选择一个或多个对象。
② 选择自由变换工具。
③ 拖动定界框上的角手柄（不是侧手柄），然后执行下列操作之一：

- 按住 Ctrl 键，直至所选对象达到所需的扭曲程度。
- 按住 Shift＋Alt＋Ctrl 以按透视扭曲。

3. 使用液化工具扭曲对象

不能将液化工具用于链接文件或包含文本、图形或符号的对象。若要查找"工具"面板中的液化工具，请参阅工具面板概述和改变形状工具库。

项目实训十一　卡通场景设计

（1）启动 Photoshop，按 Ctrl＋N 快捷键，如图 13-37 所示设置参数，新建一个文档。

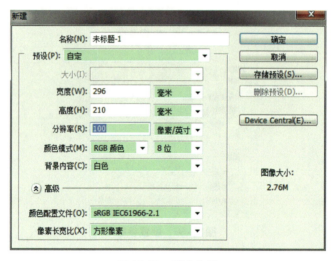

图 13-37　新建文档

（2）在"颜色"面板中确定前景色为"蓝色"，按 Alt＋Delete 快捷键，快速填充"背景"图层，如图 13-38 所示。

图 13-38　确定颜色并填充

（3）点击工具箱中的"钢笔"按钮，在选项栏中点击"形状图层"按钮，如图 13-39 所示绘制一个山坡。

（4）点击"图层"面板下方的"创建新的图层样式"按钮，在弹出的快捷菜单中选择"颜色叠加"命令，如图 13-40 所示中进行参数设置。

（5）在弹出的"图层样式"对话框中，依次勾选"内发光"、"描边"选项，分别如图 13-41 所示进行参数设置

（6）点击工具箱中的"钢笔"按钮，如图 13-42 所示绘制一个山坡。

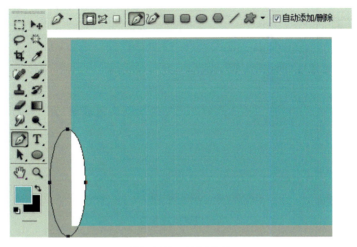

图 13-39　绘制山坡

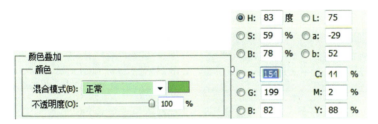

图 13-40　设置参数

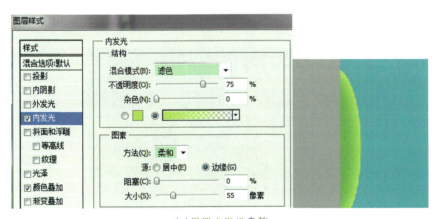

（a）设置内发光参数

(b)设置描边参数

图 13-41　设置参数

(7) 按照上述相同的操作步骤,对(6)中创建的对象增加图层样,如图 13-42 所示,再制作两个山坡,如图 13-43 所示。

图 13-41　绘制山坡

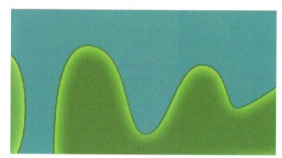

图 13-42　增加图层样式

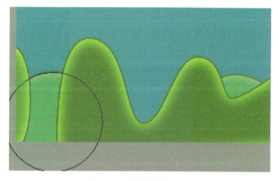

图 13-43　绘制另外的山坡

(8) 点击工具箱中的"自定形状"按钮,在选项栏中选择"云彩",并在操作界面中进行绘制,如图 13-44 所示。

(9) 点击"图层"面板下方的"创建新的图层样式"按钮,在弹出的快捷菜单中选择"渐变叠加"命令,如图 13-45 所示中进行参数设置。

图 13-44　绘制云彩 3

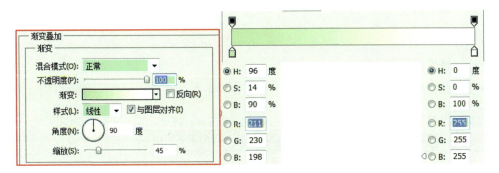

图 13-45　设置参数

（10）勾选"图层样式"对话框中的"外发光"选项，在右侧的面板中设置"不透明度"为"75％"，并将""大小"的参数设置为"30"，使对象产生一种发光感，最后按回车键，如图 13-46 所示。

图 13-46　设置参数　　　　　　　　　　图 13-47　最终效果

（11）按住 Alt 键，拖动对象进行复制，并调整其大小和位置，最终效果如图 13-47 所示。

项目评价

项目实训评价表

	内容		评价			
	学习目标	评价项目	4	3	2	1
职业能力	能熟练掌握 AI 的使用方法	熟练使用"扭曲工具"				
通用能力	交流表达能力					
	与人合作能力					
	沟通能力					
	组织能力					
	活动能力					
	解决问题的能力					
	自我提高的能力					
	创新的能力					
综合能力						

UI 设计篇

项目十四 水晶风格按钮

通过本项目的实践,同学利用 Illustrator 能够熟练地进行字体对象绘制,然后复制到 Photoshop 中,使用多种图层样式效果使水晶风格的按钮效果更加完美。最终效果如图 14-1 所示。

图 14-1 最终效果

技能目标

Illustrator CS5	Photoshop CS5
● 变形效果	● 等高线修改图层效果 ● 拷贝图层样式

任务一 准备素材,并放置在适当位置

(1)启动 Illustrator,按 Ctrl+N 快捷键,如图 14-2 所示参数新建文档。

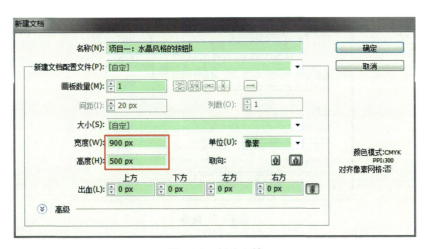

图 14-2 新建文档

(2)点击工具箱中的"文字"按钮,如图 14-3 所示输入文字。
(3)在"字符"面板中如图 14-4 所示进行参数设置。
(4)点击工具箱中的"选择"按钮,选中(2)中创建的文字并右击鼠标,在弹出的快捷菜单中选择"创建轮廓"命令,将字体转化为路径,再次右击鼠标,在弹出的快捷菜单中选择"取消编组"命令,将每个字母进行拆分,如图 14-5 所示。

图 14-4　设置参数

图 14-3　输入文字

图 14-5　拆分后的字母

（5）框选所有字母,执行"效果/变形/膨胀"命令,在弹出的"变形选项"对话框中设置参数,如图 14-6 所示。

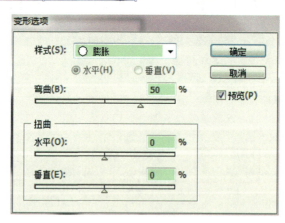

图 14-6　膨胀

（6）常按工具箱中的"矩形"按钮,在弹出的快捷菜单中选择"圆角矩形工具",然后在操作界面的空白处任意点击鼠标,在弹出的"圆角矩形"对话框中,如图 14-7 所示设置参数,按回车键。

（7）按 Ctrl+S 快捷键,保存文档。

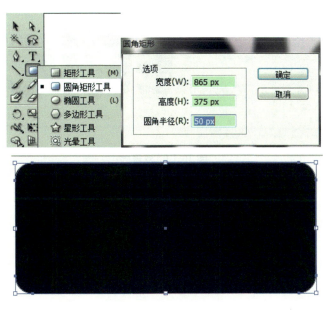

图 14-7 创建圆角矩形

任务二 导入到 PS 中

（1）启动 Photoshop，按 Ctrl＋N 快捷键，如图 14-8 所示设置参数，新建一个文档。

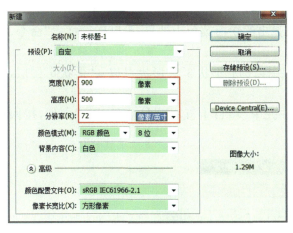

图 14-8 新建文档

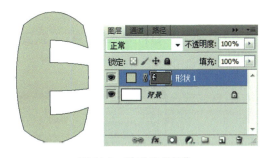

图 14-9 粘贴字母"E"

（2）打开任务一中创建的 AI 文件，选择"E"字母，按 Ctrl＋C 快捷键进行复制，再回到 PS 界面，按 Ctrl＋V 快捷键进行粘贴，在弹出的"粘贴"对话框中，选择"形状图层"，最后按回车键，如图 14-9 所示。

（3）按照上述相同的操作步骤，复制其余几个字母和圆角矩形，最终效果如图 14-10 所示。

图 14-10　效果图

任务三　为字母增加特效

(1) 选中"图层"面板中的"形状 1"图层，点击"图层"面板下方的"创建新的图层样式"按钮，在弹出的快捷菜单中选择"颜色叠加"命令，如图 14-11 所示进行参数设置。

(2) 在弹出的"图层样式"对话框中，依次勾选"混合选项：自定"、"投影"、"内投影"、"内发光"、"斜面和浮雕"、"等高线"、"光泽"、"外发光"选项，分别如图 14-12(a)～(h)所示进行参数设置。

图 14-11　设置参数

(3) 选中"图层"面板中的"形状 1"图层，右击鼠标，在弹出的快捷菜单中选择"拷贝图层样式"命令，然后选中"形状 2"图层，右击鼠标，在弹出的快捷菜单中选择"粘贴图层样式"命令，效果如图 14-13 所示。

(4) 按照上述相同的操作步骤依次拷贝图层样式到"形状 3"、"形状 4"以及"形状 5"图层，如图 14-14 所示。

(5) 执行"文件/置入"命令，下载资料文件夹中"项目十五\素材\底纹.jpg"文件，按回车键。

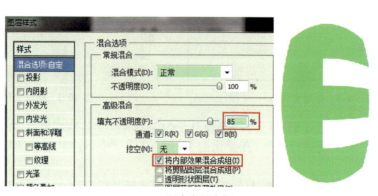

(a) 混合字母内部

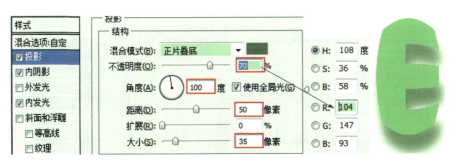

(b) 表现投影效果

(c) 为边缘增加内阴影效果

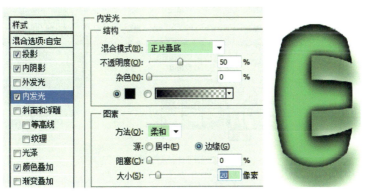

(d) 为边缘增加内发光效果

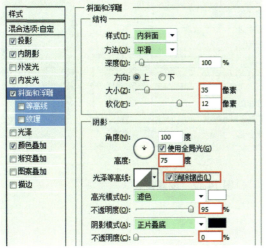

(e) 增加高光效果

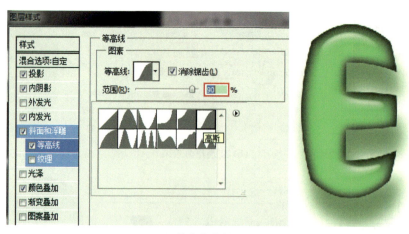

(f)等高线参数设置

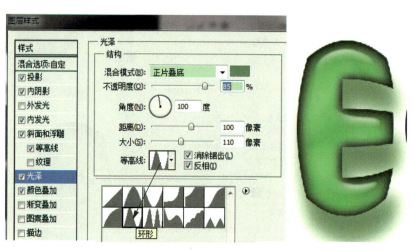

(g)增加斑纹效果

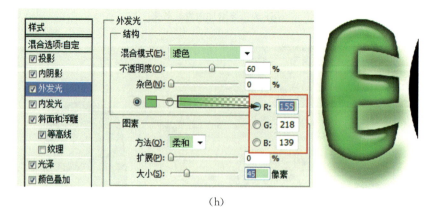

(h)

图 14-12　设置参数

图 14-13　拷贝效果　　　　　　　　图 14-14　拷贝效果

（6）在"图层"面板中，将"底纹"图层拖至"背景"上，如图 14-15 所示。

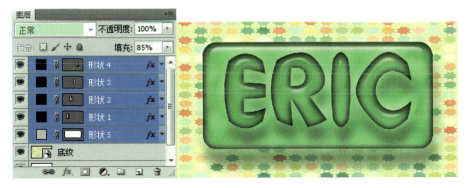

图 14-15　拖动图层

知识点与技能

1．变形

变形是指扭曲或变形对象，包括路径、文本、网格、混合以及位图图像。选择一种预定义的变形形状，然后选择混合选项所影响的轴，并指定要应用的混合及扭曲量。

2．用等高线修改图层效果

在创建自定图层样式时，你可以使用等高线来控制"投影"、"内阴影"、"内发光"、"外发光"、"斜面和浮雕"以及"光泽"效果在指定范围上的形状。例如，"投影"上的"线性"等高线将导致不透明度在线性过渡效果中逐渐减少。使用"自定"等高线来创建独特的阴影过渡效果。

3．拷贝图层样式

拷贝和粘贴样式是对多个图层应用相同效果的便捷方法。

项目实训十二　制作下载按钮

（1）启动 Photoshop，按 Ctrl＋N 快捷键，如图 14-16 所示设置参数，新建一个文档。

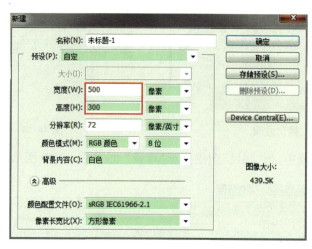

图 14-16　新建文档

（2）常按工具箱中的"矩形"按钮，在弹出的快捷菜单中选择"圆角矩形工具"，然后在选项栏中点击"形状图层"按钮，并在"半径"中输入"10px"，在操作界面中绘制一个圆角矩形，如图 14-17 所示。

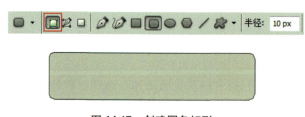

图 14-17　创建圆角矩形

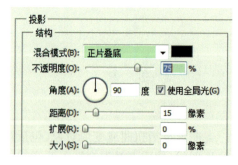

图 14-18　设置参数

（3）选中"图层"面板中的"形状 1"图层，点击"图层"面板下方的"创建新的图层样式"按钮，在弹出的快捷菜单中选择"投影"命令，如图 14-18 所示。进行参数设置，为对象增加投影效果。

（4）在弹出的"图层样式"对话框中，依次勾选"渐变叠加"、"内发光"选项，分别如图 14-19、图 14-20 所示设置参数。

（5）选中"图层"面板中的"形状 1"图层，点击"图层"面板下方的"新建图层"按钮，新建一个图层。

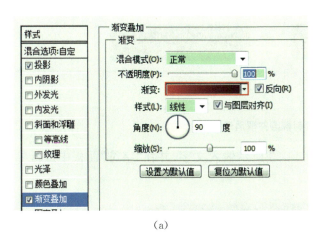
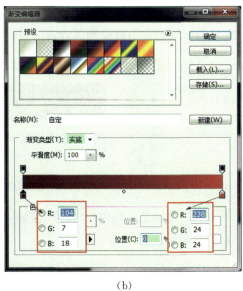

(a)   (b)

图 14-19　添加渐变色

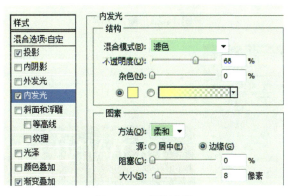

图 14-20　设置参数

（6）按住 Ctrl 键，同时点击"形状 1"图层旁的蒙版，从而载入选区。
（7）确定前景色为白色，按 Alt＋Delete 快捷键，快速填充白色，如图 14-21 所示。

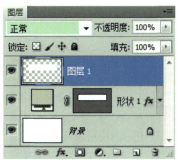

图 14-21　填充白色

（8）将"图层 1"图层的不透明度设置为"15％"。

(9)点击工具箱中的"椭圆选取"按钮,在操作界面中如图 14-22 所示绘制一个椭圆,然后按 Delete 键删除不需要的部分,再后按 Ctrl+D 快捷键取消选区。

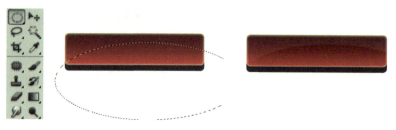

图 14-22　绘制椭圆并取消选区

(10)点击工具箱中的"文字"按钮,如图 14-23 所示输入文字,并在"字符"面板中进行参数设置,最终如图 14-24 所示。

图 14-23　输入文字

图 14-24　最终效果

项目评价

项目实训评价表

学习目标	内容		评价			
	评价项目		4	3	2	1
职业能力	能熟练掌握 Photoshop 的使用方法	熟练使用"等高线来修改图层效果"				
		熟练使用"拷贝图层样式"				
	能熟练掌握 AI 的使用方法	熟练使用"变形"效果				

续 表

	内容	评价			
学习目标	评价项目	4	3	2	1
通用能力	交流表达能力				
	与人合作能力				
	沟通能力				
	组织能力				
	活动能力				
	解决问题的能力				
	自我提高的能力				
	创新的能力				
综合能力					

项目十五　立体图标设计

通过本项目的实践，同学们利用 Illustrator 能够熟练地绘制罗马柱对象，然后复制到 Photoshop 中，使用多种图层样式效果使立体金属图标效果更加完美。最终效果如图 15-1 所示。

图 15-1　最终效果

技能目标

Illustrator CS5	Photoshop CS5
● 编组	● 移去图层样式 ● 设置图层样式的全局光效果 ● 栅格化图层

任务一　准备素材并放置在适当位置

（1）启动 Illustrator，按 Ctrl＋N 快捷键，如图 15-2 所示设置参数，新建一个文档。

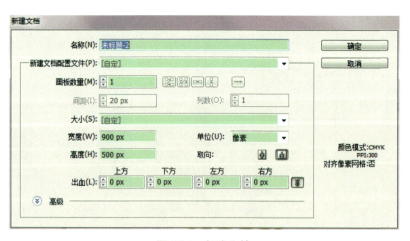

图 15-2　新建文档

（2）点击工具栏中的"钢笔"按钮，如图 15-3 所示绘制一个图形，并在"外观"面板中，将对象的"填充色"设置为"黄色"，"描边色"设置为"无"。

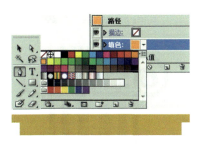  

图 15-3　绘制图形　　　　图 15-4　绘制图形　　　　图 15-5　绘制图形

（3）按照相述相同的操作步骤，依次绘制图 15-4、图 15-5 所示图形。

（4）点击工具箱中的"选择"按钮，框选所有的对象，右击鼠标，在弹出的快捷菜单中选择"编组"命令。

（5）按 Ctrl+S 快捷键，保存文档。

任务二　复制对象到 PS 中，并增加图层样式

（1）启动 Photoshop，按 Ctrl+N 快捷键，如图 15-6 所示参数新建文档。

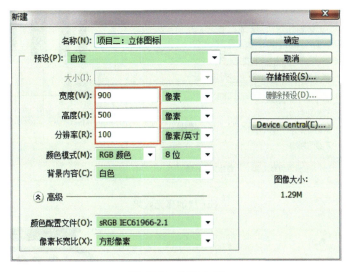

图 15-6　新建文档

（2）打开任务一中创建的 AI 文件，选中所有对象。按 Ctrl+C 快捷键进行复制，再回到 PS 界面，按 Ctrl+V 快捷键进行粘贴，在弹出的"粘贴"对话框中，选择"形状图层"，最后按回车键，如图 15-7 所示。

（3）选中"图层"面板中的"形状 1"图层，点击图层面板下方的"创建新的图层样式"按钮，在弹出的快捷菜单中选择"颜色叠加"命令，如图 15-8 所示进行参数设置。

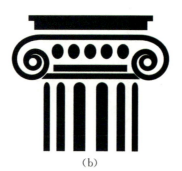

(a)   (b)

图 15-7　复制粘贴对象　　　　　　　　　图 15-8　设置参数

（4）在弹出的"图层样式"对话框中，依次勾选"斜面和浮雕"、"等高线"、"投影"、"光泽"、"内投影"、"内发光"、"外发光"、"混合选项：自定"选项，分别如图 15-9(a)～(h)设置相应参数。

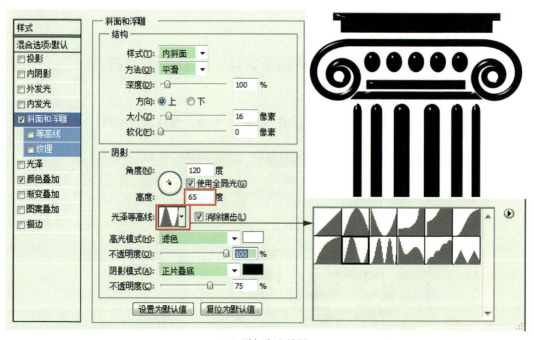

(a) 增加高光效果

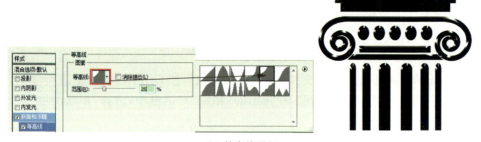

(b) 等高线设置

（c）表现投影效果

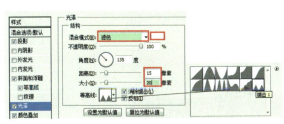

（d）增加斑纹效果

（e）增加阴影效果

（f）增加阴影效果

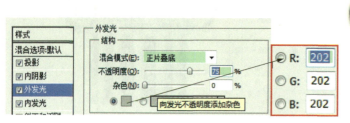

（g）增加折射感

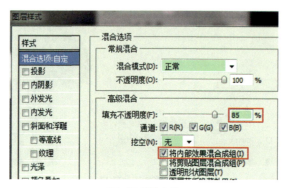

（h）组成混合体

图 15-9　设置参数

任务三　制作置换图并运用玻璃特效

（1）按住 Ctrl 键，点击"图层"面板中"形状 1"图层的蒙版，从而载入选区，如图 15-10 所示。

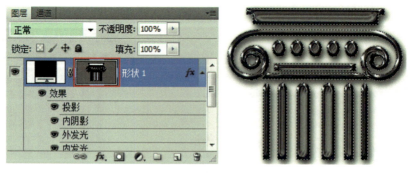

图 15-10　载入选区

（2）点击"图层"面板下方的"增加图层蒙版"按钮，从而生成图层蒙版。

（3）打开"通道"面板，选中"形状1蒙版"，右击鼠标，在弹出的快捷菜单中选择"复制通道"命令，在弹出的"复制通道"对话框中，按回车键，如图15-11所示。

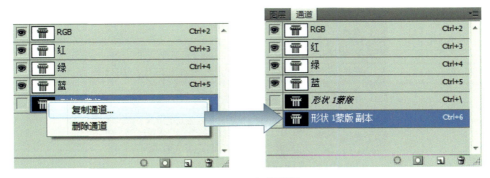

图 15-11　复制蒙版

（4）执行"滤镜/模糊/方框模糊"命令，在弹出的"方框模糊"对话框中如图15-12所示设置参数，使蒙版变得模糊些。

图 15-12　设置参数

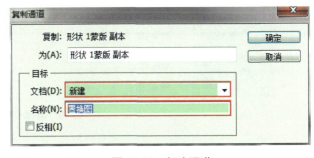

图 15-13　新建通道

（5）打开"通道"面板，选中"形状1蒙版副本"，右击鼠标，在弹出的快捷菜单中选择"复制通道"命令，在弹出的"复制通道"对话框中，将"文档"设置为"新建"，设置"名称"为"置换图"，按回车键，如图15-13所示。

（6）按Ctrl+S快捷键，保存（5）中创建的文件，然后按Ctrl+W快捷键关闭文档，回到"立体图标PSD"文档中。

（7）执行"文件/置入"命令，置入下载资料文件夹中"项目十六\素材\天空.jpg"文件，在操作界面中调整其大小，然后按回车键，如图15-14所示。选中"图层"面板中的"天空"图层，右击鼠标，在弹出的快捷菜单中选择"栅格化图层"命令，如图15-15所示。

（8）执行"滤镜/扭曲/玻璃"命令，如图15-16所示设置参数，在弹出的"载入纹理"对话框中选择（6）中创建的"置换图.psd"文档，按回车键确定。

（9）选中"图层"面板中的"天空"图层，右击鼠标，在弹出的快捷菜单中选择"创建剪贴蒙版"命令。

（10）如图15-17所示设置参数。

图 15-14　置入图片

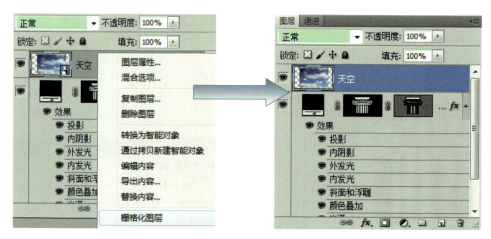

图 15-15　栅格化图层

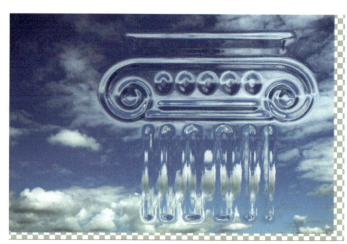

图 15-16　设置参数

图 15-17　设置参数

（11）执行"文件/置入"命令，置入下载资料文件夹中"项目十六\素材\石头背景.jpg"文件，按回车键，如图 15-18 所示。

图 15-18　置入图片

（12）在"图层"面板中，将"石头背景"图层拖至"背景"图层的上方，如图 15-19 所示。

知识点与技能

1. 移去图层效果

可以从应用于图层的样式中移去单一效果，也可以从图层中移去整个样式。

2. 设置所有图层的全局光源角度

使用全局光可以在图像上呈现一致的光源照明外观。

3. 栅格化图层

在包含矢量数据（如：文字图层、形状图层、矢量蒙版或智能对象）和生成的数据（如填充图

图 15-19　拖动图层

项目十五　立体图标设计

层)的图层上,你不能使用绘画工具或滤镜。但是,你可以栅格化这些图层,将其内容转换为平面的光栅图像。

项目实训十三　制作电源图标

(1) 启动 Illustrator,按 Ctrl＋N 快捷键,如图 15-20 所示设置参数,新建一个文档。

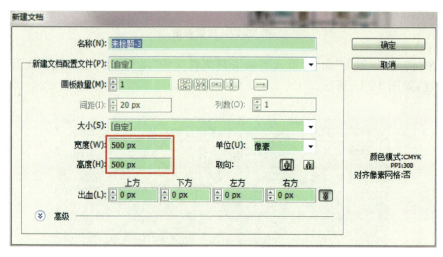

图 15-20　新建文档

(2) 点击工具箱中的"钢笔"按钮,如图 15-21 所示在操作界面中绘制一个图形,在"外观"面板中,将对象的"填充色"设置为"灰色","描边色"设置为"无"。

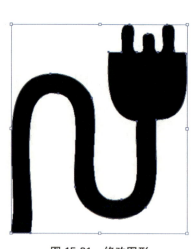

图 15-21　修改图形

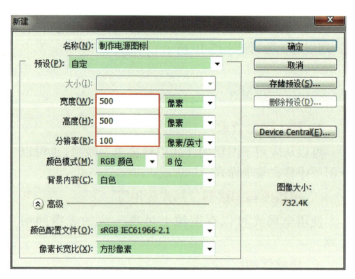

图 15-22　新建文档

(3) 启动 Photoshop，按 Ctrl＋N 快捷键，如图 15-22 所示新建文档。

(4) 点击工具箱中的"矩形"按钮，并设置"前景色"为"黑色"，在选项栏中点击"形状图层"按钮，如图 15-23 所示在操作界面中绘制一个矩形。

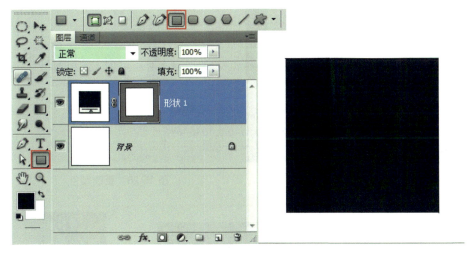

图 15-23　绘制矩形

(5) 打开(2)中创建的 AI 文件，选中电源对象。按 Ctrl＋C 快捷键进行复制，再回到 PS 界面，按 Ctrl＋V 快捷键进行粘贴，在弹出的"粘贴"对话框中，选择"形状图层"，按回车键。双击"图层"面板中"形状 2"图层的缩略图，将图标的颜色更改为"红色"，如图 15-24 所示。

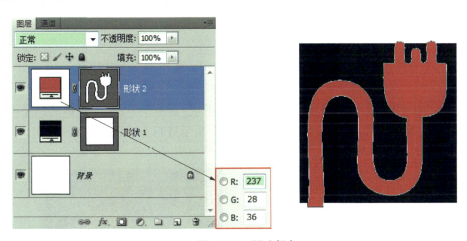

图 15-24　更改颜色

(6) 按 Ctrl＋T 快捷键，使用"自由变换"命令来调整图标的大小，按回车键，如图 15-25 所示。

(7) 选中"图层"面板中的"形状 1"图层，按 Ctrl＋I 快捷键进行图层复制，双击"形状 1 副本"图层缩略图，将颜色更改为白色，如图 15-26 所示。

(8) 右击鼠标，在弹出的快捷菜单中选择"栅格化图层"命令，并将图层的"不透明度"设置为"15％"，将该图层放置在最顶层，如图 15-27 所示。

(9) 点击工具箱中的"椭圆选取"按钮，如图 15-28 所示在操作界面中绘制一个椭圆，然后按 Delete 键删除不需要的部分，最后按 Ctrl＋D 快捷键取消选区。

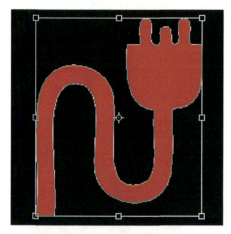

图 15-25 调整大小

图 15-26 更改颜色

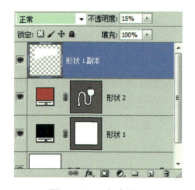

图 15-27 移动图层

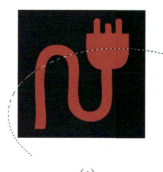

(a)

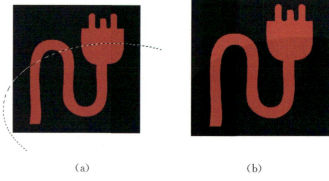

(b)

图 15-28 绘制椭圆

（10）选中"图层"面板中的"形状 1"图层，点击"图层"面板下方的"创建新的图层样式"按钮，在弹出的快捷菜单中选择"投影"命令，如图 15-29 所示进行参数设置。

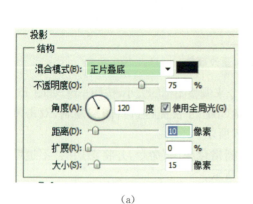

(a)

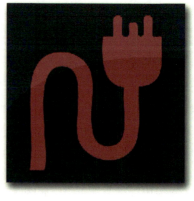

(b)

图 15-29 设置参数

项目评价

项目实训评价表

	内容		评价			
	学习目标	评价项目	4	3	2	1
职业能力	能熟练掌握AI的使用方法	熟练使用"移去图层效果"方法				
		熟练使用"设置全局光"的方法				
		熟练使用"栅格化图层"命令				
通用能力	交流表达能力					
	与人合作能力					
	沟通能力					
	组织能力					
	活动能力					
	解决问题的能力					
	自我提高的能力					
	创新的能力					
	综合能力					

产品设计篇

项目十六　时尚手机产品设计

通过本项目的实践，同学们利用 Illustrator 能够熟练地进行素材制作，然后复制到 Photoshop 中，并使用多种图层混合模式效果来美化图像，最后进行字体排版。使产品设计效果表现得更加完美。最终效果如图 16-1 所示。

技能目标

Illustrator CS6	Photoshop CS6
● 路径查找器	● 智能对象

图 16-1　最终效果

任务一　绘制产品

（1）启动 Illustrator，执行"文件/新建"命令，如图 16-2 所示设置参数，新建一个文档。

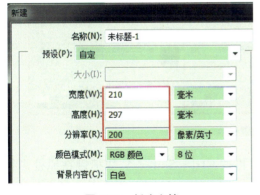

图 16-2　新建文档

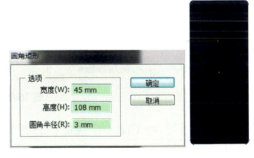

图 16-3　创建圆角矩形

（2）常按工具箱中的"矩形"按钮，在弹出的快捷菜单中选择"圆角矩形工具"，然后在操作界面的空白处任意点击鼠标，在弹出的"圆角矩形"对话框中，如图 16-3 所示设置参数，按回车键确定。

（3）点击工具箱中的"直接选择"按钮，选中手机右上侧的两个锚点，如图 16-4 所示进行移动。

（4）按照上述相同的操作步骤移动手机右下端的锚点，如图 16-5 所示。

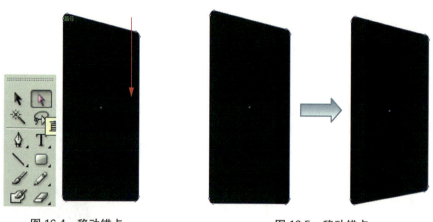

图 16-4 移动锚点　　　　　　图 16-5 移动锚点

（5）点击工具箱中的"渐变"按钮,如图 16-6 所示设置相应参数。选中矩形后,由上而下地绘制一条渐变线,如图 16-7 所示。

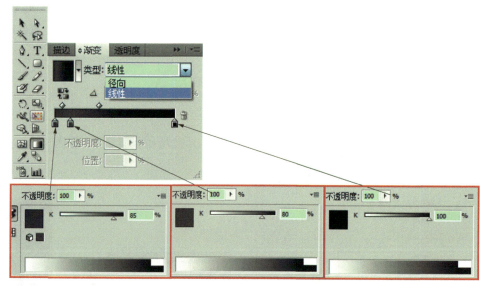

图 16-6 设置参数

（6）选中矩形,按 Ctrl+C 快捷键进行复制,再按 Ctrl+Shift+V 快捷键在原处进行粘贴,如图 16-8 所示。

（7）在"外观"面板中,"填充色"设置为"无","描边色"设置为灰色,并将"描边"的粗细值设置为"2 pt",如图 16-9 所示。

（8）点击工具箱中的"直接选择"按钮,选中矩形右下端的两个锚点,然后按 Delete 键进行删除,如图 16-10 所示。

（9）选中(8)中创建的矩形,按 Ctrl+C 快捷键进行复制,再按 Ctrl+Shift+V 快捷键原处进行粘贴。

（10）在"外观"面板中,将(9)中的矩形的"填充色"设置为"无","描边色"设置为灰色,并将"描边"的粗细值设置为"0.5 pt",如图 16-11 所示。

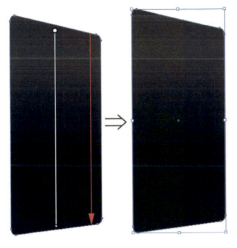
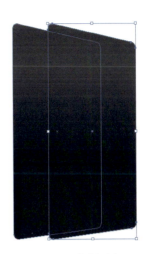

图 16-7 绘制渐变线　　　　　图 16-8 复制对象

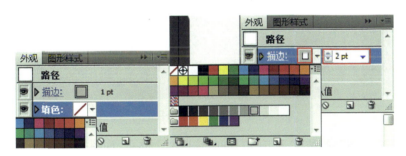

图 16-9 设置参数

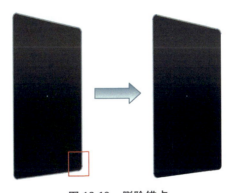

图 16-10 删除锚点

图 16-11 设置参数

(11) 按"↓"键,将路径向下移动一格,如图 16-12 所示。

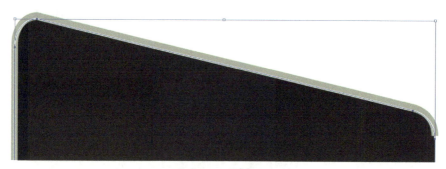

图 16-12 移动路径

(12) 在"图层"面板中,按住 Shift 键,同时选取两个路径,如图 16-13 所示。

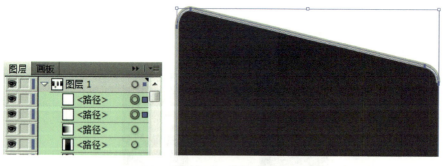

图 16-13 选取路径

(13) 点击工具箱中的"混合"按钮,在如图 16-14 所示的两条路径上各单击鼠标一次。

(14) 选中路径后,右击鼠标,在弹出的快捷菜单中选择"排列/置于底层"命令,如图 16-15 所示。

(15) 选中(14)中创建的矩形边框,按 Ctrl+C 快捷键进行复制,再按 Ctrl+Shift+V 快捷键原处进行粘贴。

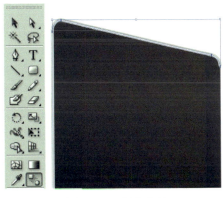

图 16-14　混合路径　　　　　　　图 16-15　更改排列顺序

（16）右击鼠标，在弹出的快捷菜单中选择"隔离选定的组"命令，将对象隔离出来，并进行调整，如图 16-16 所示。

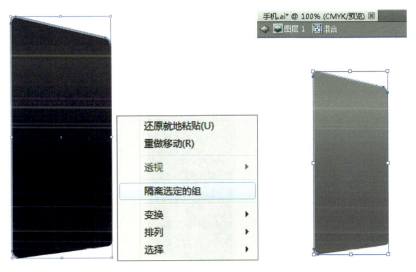

图 16-16　隔离

（17）选择矩形下方的一条路径，在"外观"面板中，将"描边"颜色设置为"深灰色"，如图 16-17 所示。

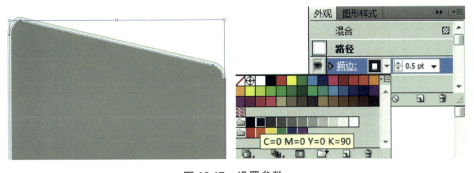

图 16-17　设置参数

(18)选中矩形上方的一条路径,在"外观"面板中,将"描边"颜色设置为"黑色",如图16-18所示。

图 16-18　设置参数

(19)双击操作界面的空白处,从而退出"隔离模式"。

(20)选中矩形,右击鼠标,在弹出的快捷菜单中选择"排列/置于底层"命令。

(21)按"←"键两次和"↑"键一次,将对象移动到相应位置,如图 16-18-1 所示。

(22)选中矩形,按 Ctrl+C 快捷键进行复制对象,再按 Ctrl+Shift+V 快捷键原处进行粘贴。

(23)点击工具箱中的"选择"按钮,调整对象的大小位置,如图 16-19 所示。

  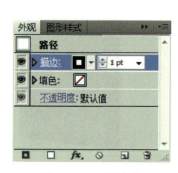

图 16-18-1　移动对象　　　图 16-19　调整　　　图 16-20　设置参数

(24)选中缩小的矩形,按 Ctrl+C 快捷键进行复制,再按 Ctrl+Shift+V 快捷键原处进行粘贴。

(25)在"外观"面板中,将对象的"填充色"设置为"无","描边色"设置为"黑色",并"描边"粗细值设置"1 pt",如图 16-20 所示。

(26)点击"外观"面板下方的"增加新效果"按钮,在弹出的快捷菜单中选择"模糊/高斯模糊"命令,在弹出的"高斯模糊"对话框中如图 16-21 所示设置参数。

图 16-21　设置参数

(27）点击工具箱中的"椭圆"按钮，在操作界面的空白处点击鼠标，在弹出的"椭圆"对话框中设置参数，如图 16-22 所示制作一个光晕效果。

图 16-22　设置参数　　　　　图 16-23　调整

(28）点击工具箱中的"选择"按钮，旋转椭圆并调整其位置，如图 16-23 所示。
(29）点击工具箱中的"渐变"按钮，如图 16-24 所示设置参数。

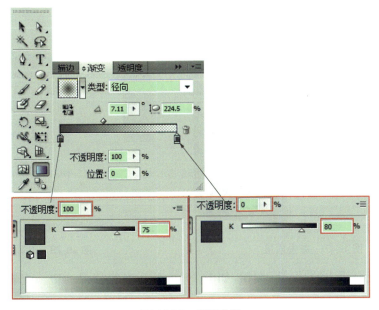

图 16-24　设置参数

(30）在操作界面中，从椭圆中心向右绘制一条渐变线，如图 16-25 所示。
(31）选择(5)中创建的矩形对象，按 Ctrl＋C 快捷键进行复制，再按 Ctrl＋Shift＋V 快捷键原处进行粘贴。
(32）点击工具箱中的"钢笔"按钮，如图 16-26 所示在操作界面中绘制一个图形。
(33）按住 Shift 键，同时选中图 16-27 所示两个对象，打开"路径查找器"面板，点击"减去顶层"按钮，如图 16-28 所示。
(34）打开"外观"面板，将"填色"设置为"黑色"，并将"不透明度"设置为 80％，如图 16-29 所示。

图 16-25　绘制渐变线　　　图 16-26　绘制图形　　　图 16-27　选中对象

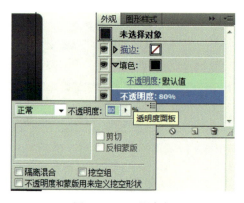

图 16-28　减去顶层　　　　　　　　图 16-29　设置参数

（35）点击工具箱中的"钢笔"按钮,如图 16-30 所示在操作界面中绘制一个图形。

（36）点击工具箱中的"渐变"按钮。在渐变面板中,如图 16-31 所示设置参数。选中矩形后,由上而下地绘制一条线,如图 16-32 所示。

（37）在"外观"面板中,将"不透明度"设置为"40％",效果如图 16-33 所示制作一个阴影效果。

（38）点击"外观"面板下方的"增加新效果"按钮,在弹出的快捷菜单中执行"模糊/高斯模糊"命令,在弹出的"高斯模糊"对话框中如图 16-34 所示设置参数。

（39）执行"窗口/符号"命令,打开"符号"面板。

（40）点击"符号"面板下方的"符号库菜单"按钮,在弹出的快捷菜单中选择"移动"命令。

图 16-30　绘制图形

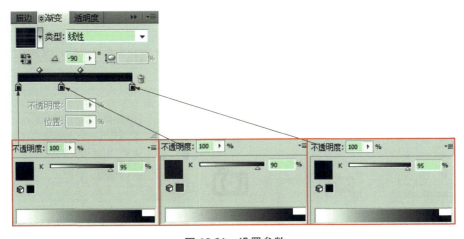

图 16-31　设置参数

图 16-32　绘制线　　　　图 16-33　不透明度

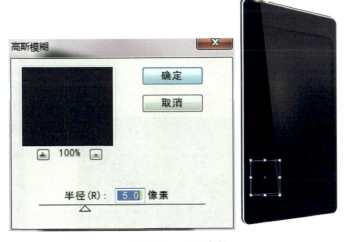

图 16-34　设置参数

项目十六　时尚手机产品设计

（41）在弹出的"移动"面板中，选择三个符号，如图16-35所示，并在项目栏中，点击"断开链接"按钮。

（42）将（41）中所选符号拖至操作界面中，鼠标双击"照相机"符号，进入隔离模式。选中该符号的圆形部分，然后按Delete键删除，如图16-36所示。

图16-35　选择三个符号

图16-36　删除圆形

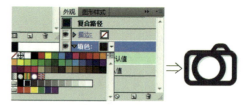
图16-37　设置颜色参数

（43）打开"外观"面板，将（42）中创建的对象的填色设置为"深灰色"，在操作界面的空白处双击鼠标，退出隔离模式，如图16-37所示。

（44）按照上述相同的操作步骤，对另外两个拖出的符号进行删除，填色等操作。

（45）将（43）、（44）中创建的符号放置于手机的底部位置，如图16-38所示。打开"变换"面板，点击"约束宽度和高度比例"按钮，等比例缩放"房子"符号，如图16-39所示。

图16-38　置于底部

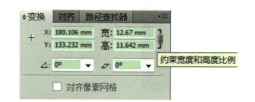
图16-39　等比例缩放

（46）在"变换"面板中，如图16-40所示设置参数，效果如图16-41所示。

图16-40　设置参数

图16-41　效果图

图16-42　缩放符号

(47) 按照上述相同的操作步骤来缩放其余两个符号,如图 16-42 所示。

(48) 常按工具箱中的"矩形"按钮,在弹出的快捷菜单中选择"圆角矩形工具",在操作界面的空白处任意点击鼠标,在弹出的"圆角矩形"对话框中如图 16-43 所示设置参数,按回车键。

图 16-43 设置参数

(49) 打开"变换"面板,如图 16-44 所示设置参数。

图 16-44 设置参数　　　　　　　　　图 16-45 设置参数并输入文字

(50) 点击工具箱中的"文字"按钮。打开"字符"面板,如图 16-45 所示设置参数,然后在操作界面中输入文字。

(51) 常按工具箱中的"比例缩放"按钮,在弹出的快捷菜单中选择"倾斜工具",将光标放置在手机右上角的锚点上,从上向下拖动,从而调整对象的倾斜角度,效果如图 16-46 所示。

图 16-46 倾斜

(52) 选中(50)中创建的文字,然后打开"外观"面板,将"不透明度"设置为"50%",如图 16-47 所示。

图 16-48　设置参数

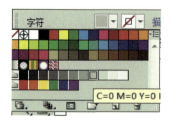

图 16-47　设置参数　　　　　　　图 16-49　设置颜色

（53）点击工具箱中的"文字"按钮，打开"字符"面板，设置字体的类型为"黑体"、字体大小为"5 pt"，如图 16-48 所示。

（54）点击状态栏中的"填色"按钮，将颜色设置为灰色，如图 16-48 所示，然后在操作界面中如图 16-50 所示输入文字。

图 16-50　输入文字

（55）点击工具栏中的"旋转"按钮，鼠标点击（54）中创建的文字的中心点，从而将中心点设置在文字的中间位置。

（56）将光标放置在手机右上端的锚点上，旋转 90°，效果如图 16-51 所示。

图 16-51　旋转

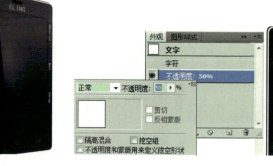

图 16-52　设置参数

（57）选中（56）中的文字，然后打开"外观"面板，将"不透明度"设置为"50％"，如图 16-52 所示。

(58) 常按工具箱中的"比例缩放"按钮,在弹出的快捷菜单中选择"倾斜工具",将光标放置在手机右上角的锚点上,从上向下拖动,从而调整文字的倾斜角度,效果如图 16-53 所示。

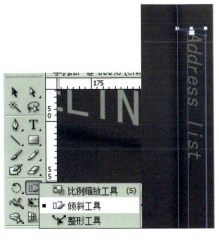

图 16-53 调整文字

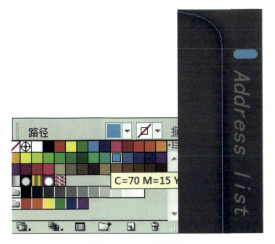

图 16-54 设置颜色

(59) 常按工具箱中的"矩形"按钮,在弹出的快捷菜单中选择"圆角矩形工具",点击状态栏中的"填色"按钮,将颜色设置为蓝色,如图 16-54 所示。

(60) 常按工具箱中的"比例缩放"按钮,在弹出的快捷菜单中选择"比例缩放工具",将光标放置在手机右上角的锚点上,从上向下拖动,从而调整对象的比例,效果如图 16-55 所示。

图 16-55 缩放

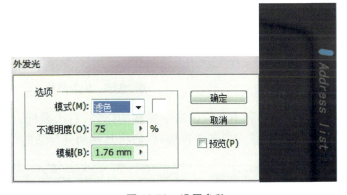

图 16-56 设置参数

(61) 点击"外观"面板下方的"增加新效果"按钮,在弹出的快捷菜单中选择"风格化/外发光"命令,在弹出的"外发光"对话框中,如图 16-56 所示设置参数。

(62) 按住 Alt 键复制对象,并将其调整到相应的位置上,如图 16-57 所示。

(63) 按住 Alt 键,选中图 16-58 所示缩小的矩形对象,向外拖动从而复制一个新的图形对象。

(64) 执行"文件/置入"命令,置入下载资料文件夹中"项目十七\素材\sky.jpg"文件,在"控制"面板中点击"嵌入"按钮,如图 16-59 所示。

项目十六 时尚手机产品设计　**261**

图 16-57 复制并调整　　　　　　　　　　　图 16-58 复制

图 16-59 嵌入图片

（65）在操作界面中选择(63)中复制的路径，右击鼠标，在弹出的快捷菜单中选择"排列/置于顶层"命令，将该对象置于顶层，然后将其移动到合适的位置，如图 16-60 所示。

图 16-60 置入顶层

（66）在操作界面中框选图 16-61 所示两个对象，右击鼠标，在弹出的快捷菜单中选择"建立剪切蒙版"命令。

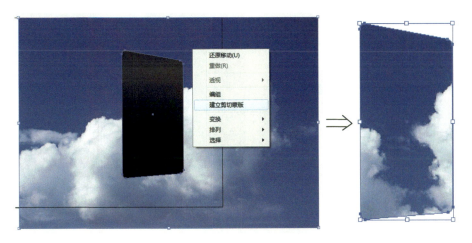

图 16-61　建立剪贴蒙版

（67）点击"外观"面板下方的"增加新效果"按钮，在弹出的快捷菜单中选择"风格化/外发光"命令，在弹出的"内发光"对话框中，如图 16-62 所示设置参数，最后按回车键。

图 16-62　设置参数

（68）点击"外观"面板中的"不透明度"按钮，在弹出的面板中，将"不透明度"参数设置为"75％"，如图 16-63 所示，最后将该对象放置到相应的位置上，如图 16-64 所示。

（69）按 Ctrl＋S 快捷键，保存文档。

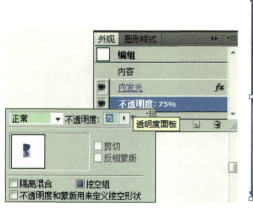  

图 16-63　不透明度　　　　　　　　　　图 16-64　设置对象

任务二　在 PS 中调整形状

（1）启动 Photoshop，按 Ctrl＋N 快捷键，如图 16-65 所示设置参数，新建一个文件。

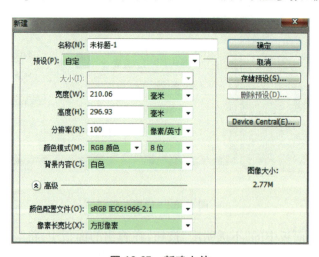

图 16-65　新建文件

（2）选中"图层"面板中的"背景"图层。点击工具箱中的"渐变"按钮，在选项栏中，点击"点按可编辑渐变"按钮，在弹出的"渐变编辑器"对话框中设置颜色参数，然后按回车键，如图 16-66 所示。

（3）在操作界面中，从上至下绘制渐变颜色，如图 16-67 所示。

（4）打开任务一中创建的 AI 文件，选中手机。按 Ctrl＋C 快捷键进行复制，再回到 PS 界面，按 Ctrl＋V 快捷键进行粘贴，在弹出的"粘贴"对话框中，选择"智能对象"，在操作界面中调整其大小后，按回车键，如图 16-68 所示。并将该图层更名为"手机"，如图 16-69 所示。

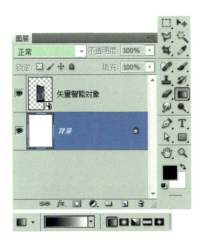
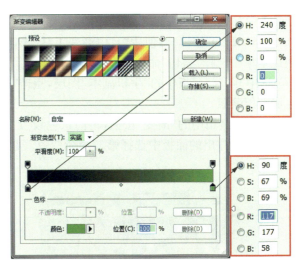

图 16-66　设置参数

图 16-67　绘制渐变颜色

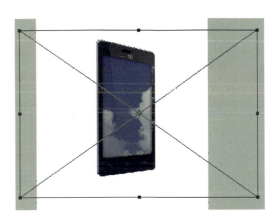

图 16-68　调整

图 16-69　更改图层名

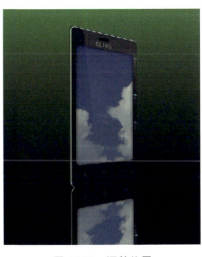

图 16-70　调整位置

项目十六 *时尚手机产品设计*

(5) 选中"图层"面板中的"手机"图层,按 Ctrl+J 快捷键进行图层复制。

(6) 按 Ctrl+T 快捷键,使用"自由渐变工具"来调整图像的位置。也可以右击鼠标,在弹出的快捷菜单中选择"斜切"命令来调整图像的位置。最后按回车键,如图 16-70 所示。

(7) 选中"图层"面板中的"手机副本"图层,点击"图层"面板下方的"增加图层蒙版"按钮,从而生成图层蒙版。

(8) 点击工具箱中的"渐变"按钮,将前景色设置为"黑色"。在选项栏中,点击"点按可编辑渐变"按钮,在弹出的面板中选择第二个渐变色。在操作界面中从下至上绘制一条渐变线,如图 16-71 所示。

图 16-71 绘制渐变线

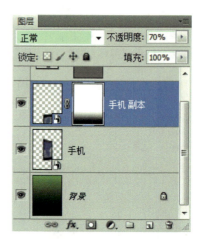

图 16-72 设置参数

(9) 在"图层"面板中,将"不透明度"设置为"70%",如图 16-72 所示。

(10) 常按工具箱中的"矩形"按钮,在弹出的快捷菜单中选择"直线工具",如图 16-73 所示在操作界面中绘制一条直线。

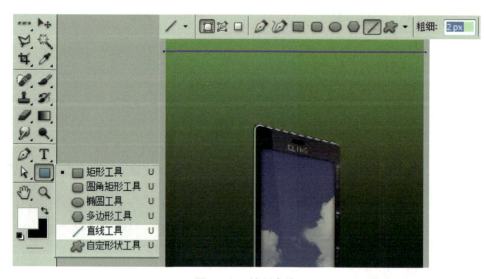

图 16-73 绘制直线

(11) 按 Ctrl+Alt+T 快捷键,使用"拷贝模式的自由变换"。如图 16-74 所示,将光标移至直线上,等到变成箭头图标时,单击鼠标略向下拖动,从而增加一条直线,按回车键。

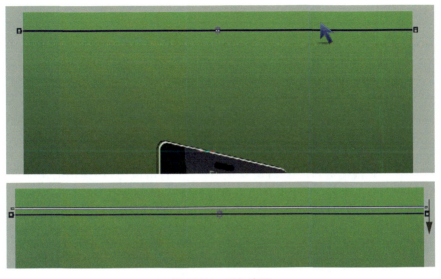

图 16-74　增加直线

(12) 按 Ctrl+Shift+Alt+T 快捷键,使用"自动复制功能"来复制间距相等的直线。然后重复该快捷键 8 次,创建出一排直线,如图 16-75 所示。

图 16-75　复制直线

(13) 选中"图层"面板中的"形状 1"图层的蒙版。按 Ctrl+T 快捷键,使用"自由变换"命令。在操作界面中,右击鼠标,在弹出的快捷菜单中选择"变形"命令,如图 16-76 所示。

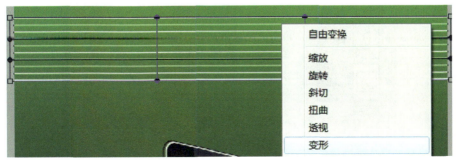

图 16-76　变形

(14)在选项栏中,将"变形"设置为"旗帜"类型,按回车键,如图 16-77 所示。

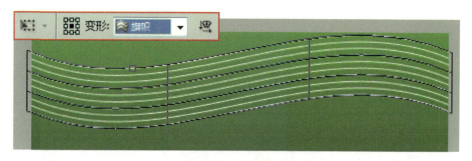

图 16-77　设置类型

(15)按 Ctrl+T 快捷键,使用"自由变换"命令。右击鼠标,在弹出的快捷菜单中,选择"透视"命令,调整对象的形状,制作出左边小右边大的效果,如图 16-78 所示。

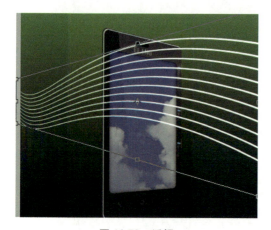

图 16-78　透视　　　　　　　　图 16-79　垂直翻转

(16)右击鼠标,在弹出的快捷菜单中选择"垂直翻转"命令,如图 16-79 所示。最后按回车键。

(17)将"形状 1"图层移至"手机"图层的下方,如图 16-80 所示设置参数。

图 16-80　设置参数

任务三　丰富背景，添加文字

（1）执行"文件/置入"命令，置入下载文件资料文件夹中"项目十七\素材\矢量 3.jpg"文件，置入后调整图像的大小和位置，按回车键，如图 16-81 所示。

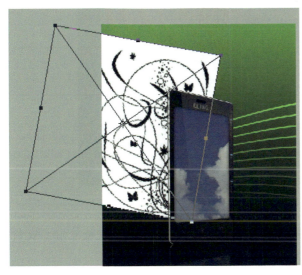

图 16-81　置入图片

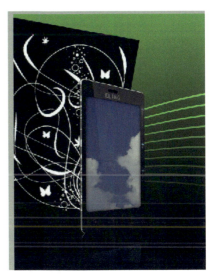

图 16-82　反转颜色

（2）选中"图层"面板中的"矢量 3"图层，右击鼠标，在弹出的快捷菜单中选择"栅格化图层"命令，将该图层转化为普通图层。

（3）按 Ctrl+I 快捷键，使用"反相"命令，将图像的颜色反转，如图 16-82 所示。

（4）在"图层"面板中，如图 16-83 所示设置参数。

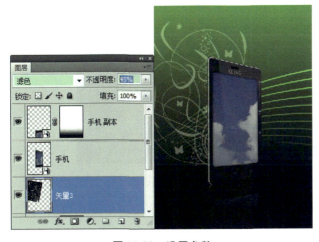

图 16-83　设置参数

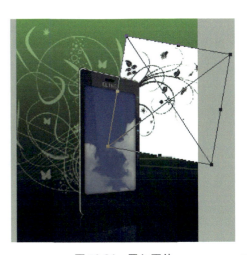

图 16-84　置入图片

(5)执行"文件/置入"命令,置入下载资料文件夹中"项目十七\素材\矢量 1.jpg"文件,置入后调整图像的大小和位置,按回车键,如图 16-84 所示。(右击鼠标,在弹出的快捷菜单中选择"水平反转"命令,来调整图像的位置。)

(6)在"图层"面板中,如图 16-85 所示设置参数。

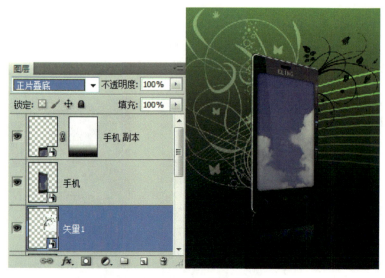

图 16-85　设置参数

(7)执行"文件/置入"命令,置入下载资料文件夹中"项目十七\素材\矢量 4.jpg"文件,置入后调整图像的大小和位置,按回车键,如图 16-86 所示。

图 16-86　置入图片

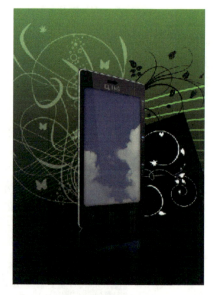

图 16-87　反转颜色

(8)选中"图层"面板中的"矢量 4"图层,右击鼠标,在弹出的快捷菜单中使用"栅格化图层"命令,将该图层转化为普通图层。

(9)按 Ctrl+I 快捷键,使用"反相"命令,将图像的颜色反转,如图 16-87 所示。

(10) 在"图层"面板中,如图 16-88 所示设置参数。

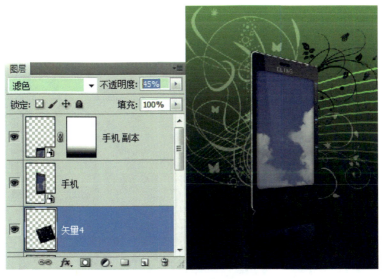

图 16-88　设置参数

(11) 常按工具箱中的"矩形"按钮,在弹出的快捷菜单中选择"自定义形状工具",并确定前景色为"湖蓝色"。在选项栏中点击"自定形状拾色器"旁的下拉按钮,在弹出的面板中选择"鸟 1",在操作界面中如图 16-89 所示进行绘制。

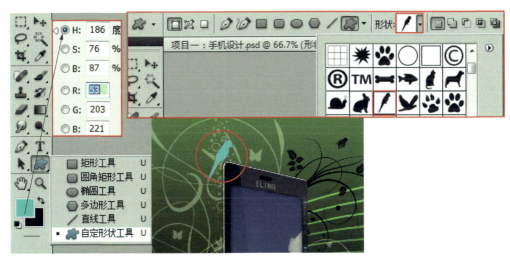

图 16-89　绘制鸟

(12) 按照上述相同的操作步骤再次绘制两个自定义对象,如图 16-90 所示。

(13) 点击工具箱中的"文字"按钮,如图 16-91 所示输入文本,并在"字符"面板中设置参数。

图 16-90　绘制对象

图 16-91　设置参数

知识点与技能

1. 路径查找器

可以使用"路径查找器"面板将对象组合为新形状。

2. 路径查找器效果汇总

- 相加：描摹所有对象的轮廓，就像它们是单独的、已合并的对象一样。此选项产生的结果形状会采用顶层对象的上色属性。
- 交集：描摹被所有对象重叠的区域轮廓。
- 差集：描摹对象所有未被重叠的区域，并使重叠区域透明。若有偶数个对象重叠，则重叠处会变成透明。而有奇数个对象重叠时，重叠的地方则会填充颜色。
- 相减：从最后面的对象中减去最前面的对象。应用此命令，你可以通过调整堆栈顺序来删除插图中的某些区域。
- 减去后方对象：从最前面的对象中减去后面的对象。应用此命令，你可以通过调整堆栈顺序来删除插图中的某些区域。
- 分割：将一份图稿分割为作为其构成成分的填充表面（表面是未被线段分割的区域）。

注：使用"路径查找器"面板中的"分割"按钮时，可以使用直接选择工具或编组选择工具来分别处理生成的每个面。应用"分割"命令时，你还可以选择删除或保留未填充的对象。

- 修边：删除已填充对象被隐藏的部分。它会删除所有描边，且不会合并相同颜色的对象。

- 合并:删除已填充对象被隐藏的部分。它会删除所有描边,且会合并具有相同颜色的相邻或重叠的对象。
- 裁剪:将图稿分割为作为其构成成分的填充表面,然后删除图稿中所有落在最上方对象边界之外的部分。这还会删除所有描边。
- 轮廓:将对象分割为其组件线段或边缘。准备需要对叠印对象进行陷印的图稿时,此命令非常有用。(请参阅创建陷印。)

注:使用"路径查找器"面板中的"轮廓"按钮时,可以使用直接选择工具或编组选择工具来分别处理每个边缘。应用"轮廓"命令时,还可以选择删除或保留未填充的对象。

- 实色混合:通过选择每个颜色组件的最高值来组合颜色。例如,如果颜色 1 为 20%青色、66%洋红色、40%黄色和 0%黑色;而颜色 2 为 40%青色、20%洋红色、30%黄色和 10%黑色,则产生的实色混合色为 40%青色、66%洋红色、40%黄色和 10%黑色。
- 透明混合:使底层颜色透过重叠的图稿可见,然后将图像划分为其构成部分的表面。您可以指定在重叠颜色中的可视性百分比。
- 陷印:通过在两个相邻颜色之间创建一个小重叠区域(称为陷印)来补偿图稿中各颜色之间的潜在间隙。

3. 智能对象

智能对象是包含栅格或矢量图像(如:Photoshop 或 Illustrator 文件)中的图像数据的图层,如图 16-92 所示。智能对象将保留图像的源内容及其所有原始特性,从而让你能够对图层执行非破坏性编辑。

无法对智能对象图层直接执行会改变像素数据的操作(如:绘画、减淡、加深或仿制),除非先将该图层转换成常规图层(将进行栅格化)。要执行会改变像素数据的操作,可以编辑智能对象的内容,在智能对象图层的上方仿制一个新图层,编辑智能对象的副本或创建新图层。

图 16-92 智能对象

项目实训十四 手机广告设计

(1) 启动 Photoshop,按 Ctrl+N 快捷键,如图 16-93 所示参数新建文档。

(2) 设置前景色为"黑色",按 Alt+Delete 快捷键,快速为"背景"图层上色,如图 16-94 所示。

(3) 执行"文件/置入"命令,置入下载资料文件夹中"项目十七\素材\手机.png"文件,在操作界面中调整对象的大小和位置,按回车键,如图 16-95 所示。

(4) 选择"手机"图层,按 Ctrl+J 快捷键进行图层复制。

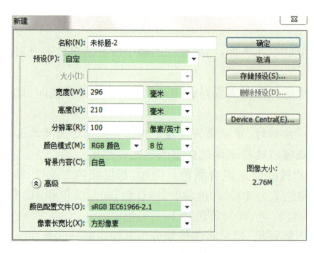

图 16-93 新建文档

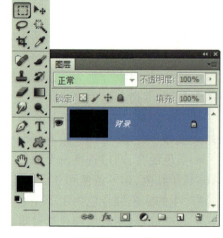

图 16-94 上色

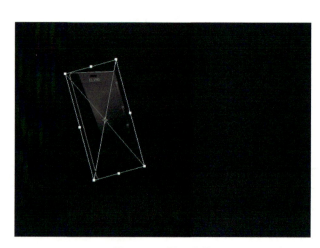

图 16-95 置入图片

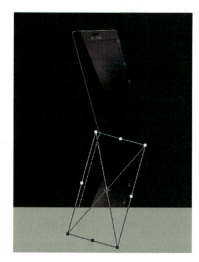

图 16-96 调整形状

（5）按 Ctrl＋T 快捷键，使用"自由变形"命令，调整复制手机的位置形状，如图 16-96 所示。也可以右击鼠标，在弹出的快捷菜单中选择"垂直翻转"命令。

（6）点击"图层"面板下方的"增加图层蒙版"按钮，从而生成图层蒙版。

（7）点击工具箱中的"渐变"按钮，将前景色设置为"黑色"。在选项栏中，点击"点按可编辑渐变"按钮。在弹出的面板中选择第二个颜色，然后在操作界面中从下至上绘制一条渐变线，如图 16-97 所示。

（8）点击"图层"面板下方的"创建新的图层样式"按钮，在弹出的快捷菜单中选择"外发光"，然后如图 16-98 所示进行参数设置。

（9）点击工具箱中的"画笔"按钮，在选项栏中点击"画笔预设选取器"按钮，在弹出的面板中点击三角箭头，在弹出的快捷菜单中选择"混合画笔"命令，在弹出的对话框中点击"确定"按钮，如图 16-99 所示。

（10）如图 16-100 所示选择"纹理 4"画笔图案。

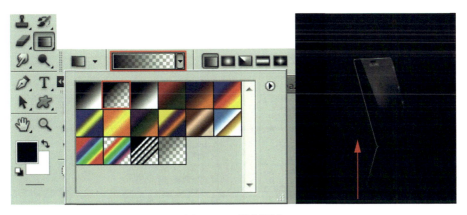

图 16-97　绘制渐变

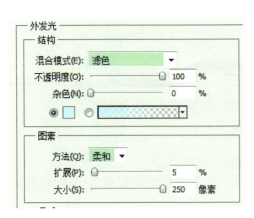

图 16-98　设置参数

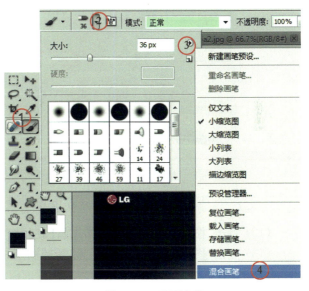

图 16-99　设置参数

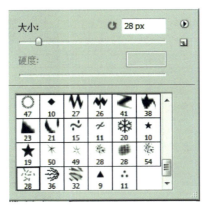

图 16-100　选择画笔图案

项目十六　时尚手机产品设计

(11) 按 F5 键,弹出"画笔"面板,将"间距"设置为"1%",并勾选"形状动态"选项,如图 16-101 所示。将画笔的"大小"设置为"20px",来确定画笔的大小。

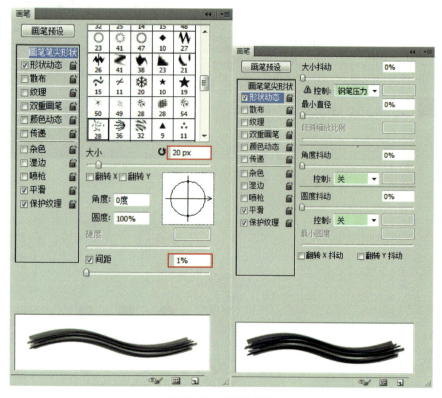

图 16-101　设置参数

(12) 点击"图层"面板下方的"增加新图层"按钮,增加一个新图层。

(13) 点击"图层"面板下方的"创建新的图层样式"按钮,在弹出的快捷菜单中选择"外发光"命令,然后如图 16-102 所示进行参数设置。

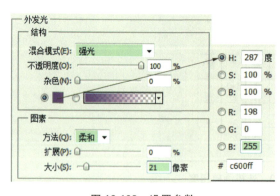

图 16-102　设置参数

图 16-103　绘制路径

（14）点击工具箱中的"钢笔"按钮，在操作界面中绘制一条路径，如图16-103所示。

（15）再次点击工具箱中的"钢笔"按钮，并将前景色设置为"白色"。右击鼠标，在弹出的快捷菜单中选择"描边路径"命令，然后在弹出的"描边路径"对话框中，按回车键，如图16-104所示。

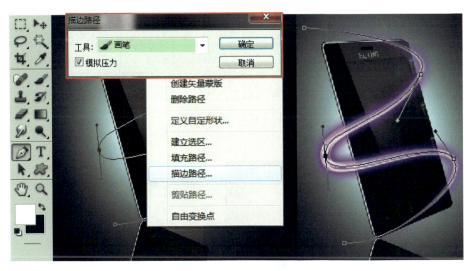

图16-104　设置参数

（16）点击"图层"面板下方的"增加图层蒙版"按钮，从而生成图层蒙版。

（17）点击工具箱中的"画笔"按钮，在弹出的面板中选择小尺寸的柔角画笔，并确定前景色为"黑色"在操作界面中绘制，如图16-105所示。

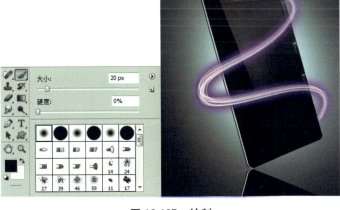 

图16-105　绘制　　　　　　　　图16-106　绘制路径

（18）点击工具箱中的"钢笔"按钮，如图16-106所示再绘制一条路径。

（19）新建一个图层，并如图16-107所示设置参数，增加外发光效果。

（20）按照上述相同的操作步骤进行"描边路径"，然后增加蒙版，使用"画笔工具"去除不需要的部分，如图16-108所示。

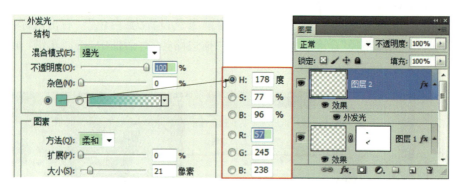

图 16-107　设置参数

图 16-108　设置参数

（21）点击工具箱中的"文字"按钮，在操作界面中如图 16-109 所示输入文字，并在"字符"面板中设置参数。

（22）按 Ctrl＋S 快捷键，保存 PS 文档。

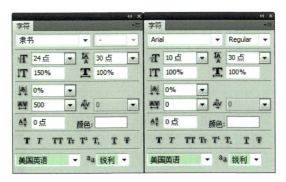

图 16-109　输入文字

项目评价

项目实训评价表

	内容		评价			
	学习目标	评价项目	4	3	2	1
职业能力	能熟练掌握 AI 的使用方法	熟练使用"路径查找器"的方法				
	能熟练掌握 PS 的使用方法	熟练使用"智能对象"方法				
通用能力	交流表达能力					
	与人合作能力					
	沟通能力					
	组织能力					
	活动能力					
	解决问题的能力					
	自我提高的能力					
	创新的能力					
综合能力						

项目十七　化妆瓶产品设计

通过本项目的实践，同学们利用 Illustrator 能够熟练地绘制瓶子，并使用渐变工具为瓶子增加颜色，然后复制到 Photoshop 中，使用多种图层样式和滤镜效果来美化产品，最后进行字体排版，使产品效果表现得更加完美。最终效果如图 17-1 所示。

技能目标

Illustrator CS5	Photoshop CS5
● 内部绘制 ● 剪切蒙版	● 剪贴蒙版

图 17-1　最终效果

任务一　绘制产品

（1）启动 Illustrator，按 Ctrl＋N 快捷键，如图 17-2 所示设置参数，新建一个文档。

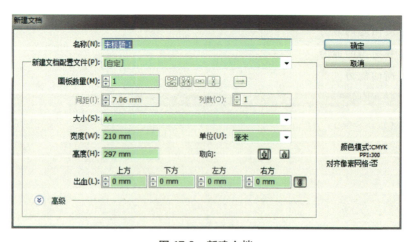

图 17-2　新建文档

（2）常按工具箱中的"矩形"按钮，在弹出的快捷菜单中选择"圆角矩形工具"，然后在操作界面的空白处任意点击鼠标，在弹出的"圆角矩形"对话框中，如图 17-3 所示设置参数，按回车键，再将其填充色设置为"黑色"，描边色设置为"无"。

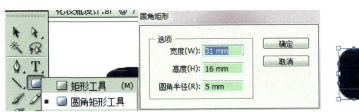

图 17-3　设置参数

（3）点击工具箱中的"椭圆"按钮，绘制一个椭圆，并将其填充色设置为"黑色"，描边色设置为"无"，如图 17-4 所示。

图 17-4　绘制椭圆　　　　　　　　　　　　　　图 17-5　合并对象

（4）点击工具箱中的"选择"按钮，同时选中(2)、(3)创建的两个对象，打开"路径查找器"面板，点击"联集"按钮，将两个对象转变为一个对象，如图 17-5 所示。

（5）打开"渐变"面板，设置渐变类型为"线性"，并如图 17-6 所示参数调整滑块。

（6）点击工具箱中的"渐变"按钮，如图 17-7 所示在操作界面中绘制渐变条路径。

（7）常按工具箱中的"矩形"按钮，在弹出的快捷菜单中选择"圆角矩形工具"，然后在操作界面的空白处任意点击鼠标，在弹出的"圆角矩形"对话框中如图 17-8 所示设置参数，按回车键，再将其"填充色"设置为"黑色"，描边色设置为"无"。

（8）打开"渐变"面板，设置渐变类型为"线性"，如图 17-9 所示。

（9）点击工具箱中的"矩形"按钮，在操作界面的空白处任意点击鼠标，在弹出的"矩形"对话框中如图 17-10 所示设置参数，按回车键，再将其"填充色"设置为"黑色"，描边色设置为"无"。按照上述相同的操作步骤，绘制一个圆角矩形作为瓶身，如图 17-11 所示。

（10）按照上述相同的操作步骤，依次绘制一个圆角矩形，并将圆角矩形的填充色设置为"蓝灰色"作为瓶底图案，如图 17-12 所示。

（11）打开"透明度"面板，如图 17-13 所示设置参数，并将混合模式设置为"颜色加深"。

（12）按住 Alt 键，在垂直方向上拖动鼠标，向上复制一个圆角矩形，如图 17-14 所示。

（13）点击工具箱中的"移动"按钮，选择瓶身矩形对象，点击工具箱中的"内部绘制"按钮，然后点击"钢笔"按钮，如图 17-15 所示绘制一个图形，并将填充色设置为"灰色"，描边色设置为"无"。

（14）点击"外观"面板中的"不透明度"按钮，在弹出的面板中，如图 17-16 所示设置参数。

（15）点击"外观"面板下方的"增加新效果"按钮，在弹出的快捷菜单中选择"模糊/高斯模糊"命令，在弹出的"高斯模糊"对话框中如图 17-17 所示设置参数。最后点击工具箱中的"正常绘制"按钮返回正常编辑模式。

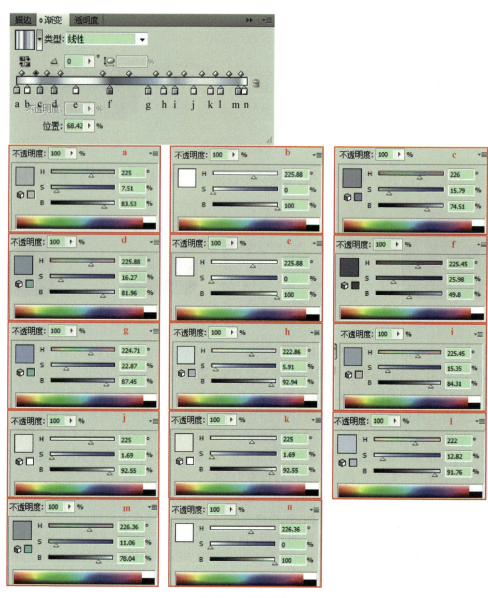

图 17-6 设置参数

图 17-7 绘制渐变条

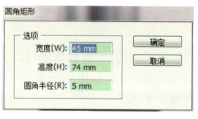 

图 17-8 设置参数

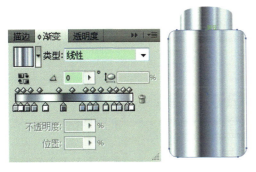

图 17-9　线性　　　　　　　　　图 17-10　设置参数

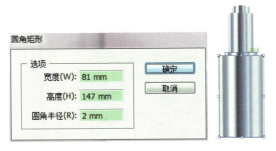

图 17-11　设置参数

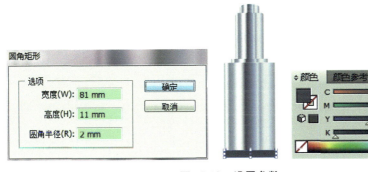

图 17-12　设置参数

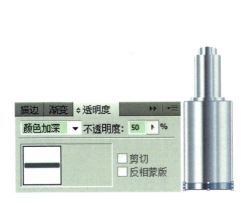

图 17-13　设置参数

图 17-14　复制

项目十七　化妆瓶产品设计

图 17-15 绘制图形

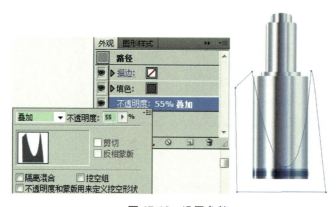

图 17-16 设置参数

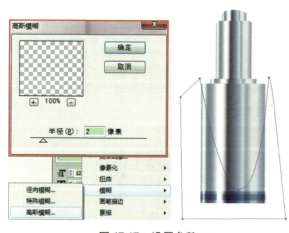

图 17-17 设置参数

图 17-18 选中

（16）在操作界面中选择图 17-18 所示瓶子头部对象，再点击工具箱中的"内部绘制"按钮，然后点击"钢笔"按钮，绘制一个图 17-19 所示图形，并将填充色设置为"灰色"，描边色设置为"无"。

（17）按照上述相同的操作步骤，为对象增加效果，参数设置如图 17-20 所示。最后点击工具箱中的"正常绘制"按钮返回正常编辑模式。

图 17-19 绘制图形

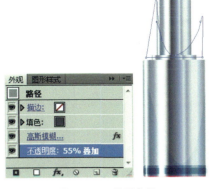

图 17-20 设置参数

(18) 按 Ctrl+S 快捷键,保存文档。

任务二　调整形状增加质感

(1) 启动 Photoshop,按 Ctrl+N 快捷键,如图 17-21 所示设置参数,新建一个文档。

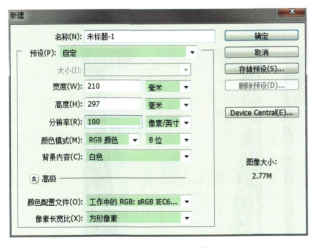

图 17-21 新建文档

图 17-22 选中对象

(2) 确定前景色为"黑色",按 Alt+Delete 快捷键,快速填充"背景"图层。

(3) 打开任务一中创建的 AI 文件,点击工具箱中的"选择"按钮,选中图 17-22 所示整个瓶子头部对象,按 Ctrl+C 快捷键进行复制,再回到 PS 界面,按 Ctrl+V 快捷键进行粘贴,在弹出的"粘贴"对话框中,选择"智能对象",按回车键。

(4) 依次选中图 17-23、图 17-24 所示对象,按照上述相同的操作步骤复制粘贴至 PS 中。

(5) 在"图层"面板中选择(3)、(4)中复制的三个图层,右击鼠标,在弹出的快捷菜单中选择"栅格化图层"命令,将这些图层转化为普通图层,并重命名,如图 17-25 所示。

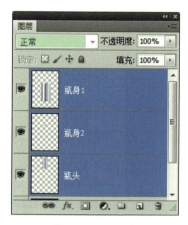

图 17-23　选中对象　　　图 17-24　选中对象　　　图 17-25　重命名

(6) 选中"图层"面板中的"瓶身 2"图层,按 Ctrl+T 快捷键,使用"自由变换"命令,调整对象的形状,按回车键,如图 17-26 所示。

(7) 继续选择"瓶身 2"图层,按 Ctrl+T 快捷键,使用"自由变换"命令,右击鼠标,在弹出的快捷菜单中选择"透视"命令,将光标移动到左下角的锚点上,向内收缩锚点来调整对象的形状,按回车键,如图 17-27 所示。

(8) 按 Ctrl+T 快捷键,使用"自由变换"命令,右击鼠标,在弹出的快捷菜单中选择"变形"命令,调整对象的形状,按回车键,如图 17-28 所示。

图 17-26　调整形状

图 17-27　移动锚点　　　　　图 17-28　调整形状

(9) 点击"图层"面板下方的"增加新图层"按钮,新建一个图层。

(10) 确定"图层 1 图层"的前景色为"黑色",按 Alt+Delete 快捷键,快速填充颜色,如图 17-29 所示。

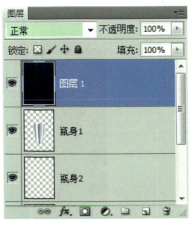

图 17-29 填充图层

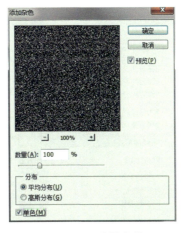

图 17-30 设置参数

（11）执行"滤镜/杂色/增加杂色"命令，在弹出的"添加染色"对话框中如图 17-30 所示进行设置，按回车键。

（12）执行"滤镜/模糊/动感模糊"命令，在弹出的"动感模糊"对话框中如图 17-31 所示进行参数设置，按回车键。

（13）如图 17-32 所示设置参数将"图层"面板中的混合模式进行调整。

（14）按 Ctrl+J 快捷键，复制"图层 1 副本"图层和"图层 1 副本 2"图层，并如图 17-33 所示放置在不同的位置。

（15）选中"图层"面板中的"图层 1"图层，右击鼠标，在弹出的快捷菜单中选择"创建剪贴蒙版"命令，将"图层 1"图层的效果仅运用在"瓶身 1"图层上，如图 17-34 所示。

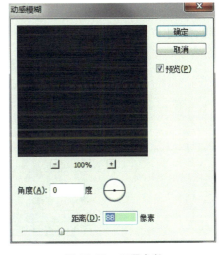

图 17-31 设置参数

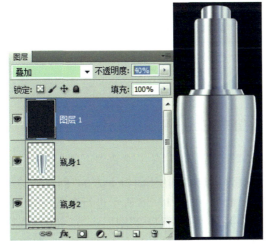

图 17-32 设置参数

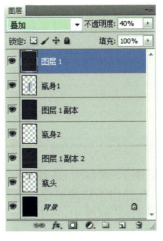

图 17-33 复制并移动

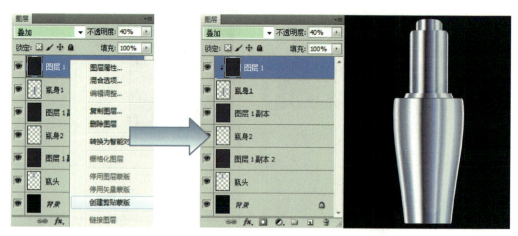

图 17-34　运用效果

（16）按照上述相同的操作步骤，为"图层 1 副本"图层和"图层 1 副本 2"图层增加剪贴蒙版，如图 17-35 所示。

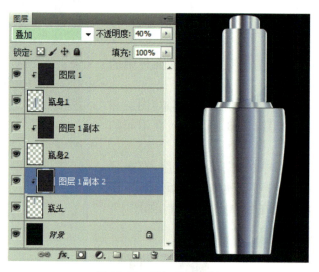

图 17-35　增加剪贴蒙版

任务三　调整颜色并添加文字

（1）在"图层"面板中，选择"瓶身 2"图层，并点击"图层"面板下方的"创建新的填充和调整图层"按钮，在弹出的快捷菜单中选择"曲线"命令，如图 17-36 所示进行参数设置。

（2）在"图层"面板中，选中"曲线 1"图层并移动到"瓶身 2"图层上方，如图 17-37 所示。

（3）选中"瓶身 2"图层，点击图层面板下方的"创建新的图层样式"按钮，在弹出的快捷菜单中选择"描边"命令，然后如图 17-38 所示进行参数设置。

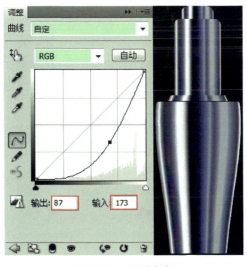
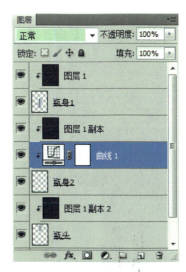

图 17-36　设置参数　　　　　图 17-37　移动图层

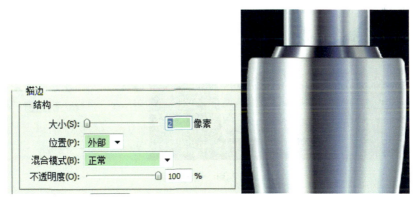

图 17-38　设置参数

（4）点击工具箱中的"文字"按钮，在操作界面中如图 17-39 所示输入文字，并在"字符"面板中设置参数。

（5）点击"图层"面板中"背景"图层左侧的"指示图层可见性"按钮，取消该图层的可见性。

（6）按 Ctrl+Shift+Alt+E 快捷键，使用"复制所以可视对象并合并为在一层"命令，如图 17-40 所示。

（7）除"图层 2"图层和"背景"图层外，取消其余图层的可见性，如图 17-41 所示。

（8）选中"图层"面板中的"图层 2"图层，按 Ctrl+J 快捷键 2 次进行复制，并调动图层之间的上下层关系，如图 17-42 所示。

（9）在操作界面中，将复制的 2 个对象移动到相应的位置，如图 17-43 所示。

（10）选中"图层 2 副本"和"图层 2 副本 2"图层，如图 17-44 所示进行参数设置。

（11）选中（10）中的两个对象，按 Ctrl+T 快捷键，使用"自由变形"命令，调整对象的位置和大小，最后按回车键，如图 17-45 所示。

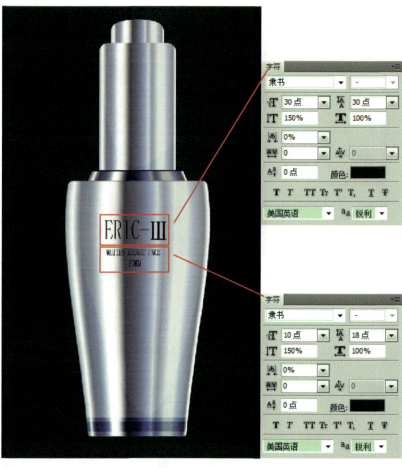

图 17-39 输入文字

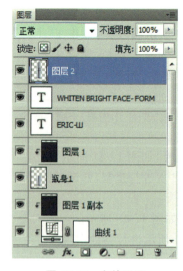

图 17-40 合并图层

图 17-41 取消可见

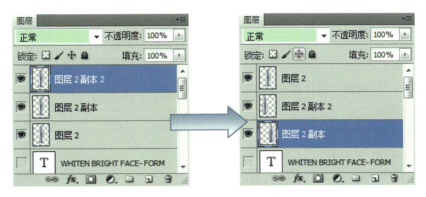

图 17-42 复制图形并调换

图 17-43 移动对象

图 17-44 设置参数

图 17-45 调整对象

项目十七 化妆瓶产品设计

技能讲解(AI+PS)

1. 绘图模式

Illustrator CS5 提供了以下绘图模式：

① 正常绘图；

② 背面绘图；

③ 内部绘图。

正常绘图模式是默认的绘图模式，可以从"颜色选择器"工具下方的"工具"面板中进行选择。若要切换绘图模式，在"工具"面板中选择"绘图模式"，然后进行选择。还可以按 Shift+D 快捷键在绘图模式中循环。

注："粘贴"、"就地粘贴"和"在所有画板上粘贴"选项均遵循绘图模式。但"贴在前面"和"贴在后面"命令将不受绘图模式影响。

（1）背面绘图模式

以下情况遵循背面绘图模式：背面绘图模式允许你在没有选择画板情况下，在所选图层上的所有画板背面绘图。如果选择了画板，则新对象将直接在所选对象下面绘制。

（2）内部绘图模式

内部绘图模式允许你在所选对象的内部绘图。内部绘图模式消除了执行多个任务的需要，例如绘制和转换堆放顺序或绘制、选择和创建剪贴蒙版。

内部绘图模式仅在选择单一对象（路径，混合路径或文本）时启用。若要使用"内部绘图"模式创建剪切蒙版，请选择要在其中绘制的路径，然后切换到"内部绘图"模式。切换到"内部绘图"模式时所选的路径将剪切后续绘制的路径，直到切换为"正常绘图"模式（Shift+D 键或双击）为止。

注：使用"内部绘图"创建的剪切蒙版将保留剪切路径上的外观，这与使用菜单命令"对象/剪切蒙版/建立"有所不同。

2. AI 中的剪切蒙版

剪切蒙版是一个可以用其形状遮盖其他图稿的对象，因此使用剪切蒙版，你只能看到蒙版形状内的区域，从效果上来说，就是将图稿裁剪为蒙版的形状。剪切蒙版和遮盖的对象称为剪切组合。可以通过选择的两个或多个对象或者一个组或图层中的所有对象来建立剪切组合。

下列规则适用于创建剪切蒙版：

- 蒙版对象将被移到"图层"面板中的剪切蒙版组内（前提是它们尚未处于此位置）。
- 只有矢量对象可以作为剪切蒙版；不过，任何图稿都可以被蒙版。
- 如果你使用图层或组来创建剪切蒙版，则图层或组中的第一个对象将会遮盖图层或组的子集的所有内容。
- 无论对象先前的属性如何，剪切蒙版会变成一个不带填色也不带描边的对象。

注：要创建半透明的蒙版，请使用"透明度"面板来创建一个不透明的蒙版。

3. PS 中的剪贴蒙版

剪贴蒙版可让你使用某个图层的内容来遮盖其上方的图层。遮盖效果由底部图层或基底图层决定的内容。基底图层的非透明内容将在剪贴蒙版中裁剪（显示）它上方的图层的内容。

剪贴图层中的所有其他内容将被遮盖掉。

可以在剪贴蒙版中使用多个图层,但它们必须是连续的图层。蒙版中的基底图层名称带下划线,上层图层的缩览图是缩进的。叠加图层将显示一个剪贴蒙版图标。

注:如果在剪贴蒙版中的图层之间创建新图层,或在剪贴蒙版中的图层之间拖动未剪贴的图层,该图层将成为剪贴蒙版的一部分。剪贴蒙版中的图层分配的是基底图层的不透明度和模式属性。

项目实训十五　化妆瓶广告设计

(1) 启动 Photoshop,按 Ctrl+N 快捷键,如图 17-46 所示设置参数,新建一个文档。

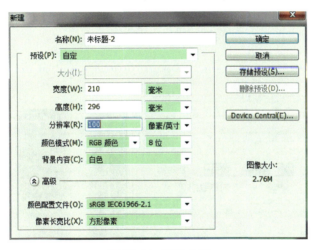

图 17-46　新建文档

(2) 确定前景色为"黑色",按 Alt+Delete 快捷键,快速填充"背景"图层。

(3) 常按工具箱中的"矩形"按钮,在弹出的快捷菜单中选择"圆角矩形工具",在操作界面中如图 17-47 所示绘制 2 个矩形。

(4) 按 Ctrl+T 快捷键,使用"自由变形"命令,在操作界面中调整(3)中创建的矩形的形状,如图 17-48 所示。

(5) 选中"图层"面板中的"形状 2"图层,点击"图层"面板下方的"创建新的图层样式"按钮,在弹出的快捷菜单中选择"渐变叠加"命令,如图 17-49 所示进行参数设置。

(6) 选中"形状 2"图层,右击鼠标,在弹出的快捷菜单中选择"拷贝图层样式"命令,再选中"形状 1"图层,右击鼠标,在弹出的快捷菜单中选择"粘贴图层样式"命令,如图 17-50 所示。

(7) 执行"文件/置入"命令,置入下载资料文件夹中"项目十八\素材\花朵.jpg"文件,在操作界面中调整其大小,然后按回车键,如图 17-51 所示。

(8) 将"花朵"图层置于"背景"图层上方,然后右击鼠标,在弹出的快捷菜单中选择"栅格化图层"命令,将该图层转化为普通图层,如图 17-52 所示。

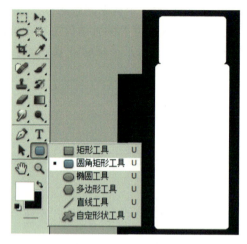

图 17-47 绘制矩形　　　　　图 17-48 调整形状

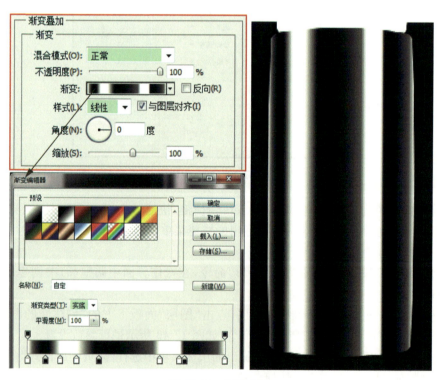

图 17-49 设置参数

图 17-50　效果图

图 17-51　置入文件
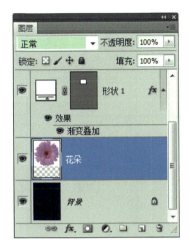
图 17-52　转化图层

（9）点击工具箱中的"魔术棒"按钮，在操作界面中点击花朵的空白区域，载入白色选区。然后按 Delete 键，删除白色区域，最后按 Ctrl＋D 快捷键取消选区，如图 17-53 所示。

图 17-53　选区操作

（10）点击"图层"面板下方的"创建新的图层样式"按钮，在弹出的快捷菜单中选择"渐变叠加"命令，如图 17-54 所示设置参数。

（11）选中"形状 1"和"形状 2"图层，按 Ctrl＋E 快捷键，将两个图层合并。

（12）按 Ctrl＋T 快捷键，调整对象的大小和位置，如图 17-55 所示，并进行参数设置。

（13）点击"图层"面板下方的"创建新的填充和调整图层"按钮，在弹出的快捷菜单中选择"色阶"，在弹出的"调整"面板中如图 17-56 所示进行参数设置。

（14）选中"色阶"图层，右击鼠标，在弹出的快捷菜单中选择"创建剪贴面板"命令，如图 17-57 所示。

（15）点击工具箱中的"文字"按钮，如图 17-58 所示输入文字，并在"字符"面板中设置参数。

图 17-54 设置参数

图 17-55 调整位置

图 17-56 设置参数

图 17-57　选择粘贴

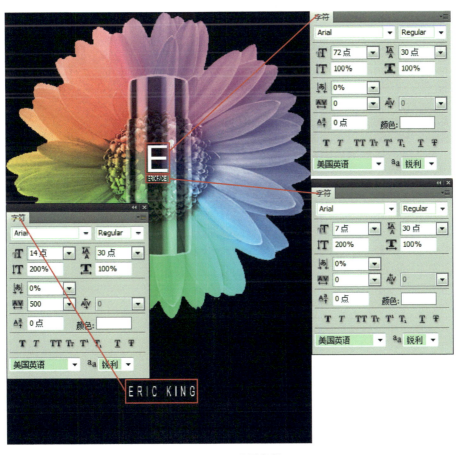

图 17-58　设置参数

项目评价

项目实训评价表

内容		评价			
学习目标	评价项目	4	3	2	1
职业能力 — 能熟练掌握AI的使用方法	熟练使用"内部绘制"的方法				
	熟练使用"剪切蒙版"的方法				
能熟练掌握PS的使用方法	熟练运用"剪贴蒙版"方法				
通用能力	交流表达能力				
	与人合作能力				
	沟通能力				
	组织能力				
	活动能力				
	解决问题的能力				
	自我提高的能力				
	创新的能力				
综合能力